"Dagli alimenti funzionali ai nuovi alimenti":

il ruolo di alcuni componenti bioattivi

sull'alimentazione

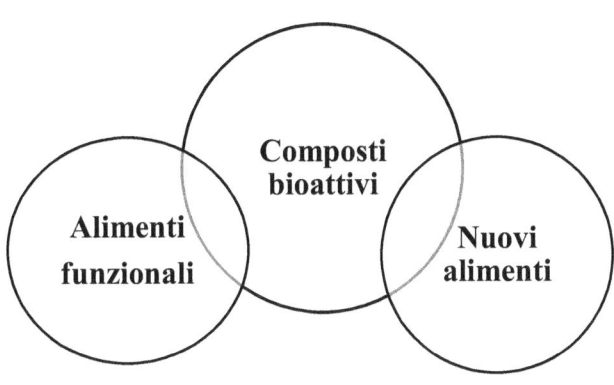

di

FRANCESCO PIO CASANOVA

Indice

Introduzione

L'Italia, che basava la propria alimentazione sulla dieta mediterranea, a causa dei cambiamenti intercorsi negli stili di vita e degli effetti della globalizzazione, si è progressivamente spostata verso un consumo sempre più frequente di alimenti di origine animale (in particolare di carni rosse), di prodotti conservati o particolarmente ricchi di zuccheri.

Negli ultimi anni la maggiore consapevolezza dello stretto legame che intercorre tra **alimentazione e salute**, unita alle preoccupazioni per il benessere degli animali da allevamento, a ragioni etiche, ambientali e religiose di vario genere, sta portando però importanti cambiamenti.

Si registra una sempre maggiore diffusione di alcuni **modelli alimentari alternativi**, tra i quali l'alimentazione vegetariana e vegana rappresentano i più praticati. Molti di questi modelli alimentari di moderna diffusione sono orientati all'eliminazione dei prodotti di origine animale (principalmente delle carni).

Si assiste, inoltre, al continuo crescere di attenzione verso il mondo della qualità e della tipicità dei prodotti perché la salute, dunque il benessere psico-fisico, è diventato il principio ispiratore e l'obiettivo di tutte le attività di informazione e prevenzione in campo alimentare.

C'è chi propone altre alternative: da dieci anni la FAO propugna una forte espansione dell'**entomofagia**, cioè l'uso alimentare degli insetti. Molte culture la praticano in piccola misura, ma dove è ignota o quasi, come in Occidente, la sua accettazione potrebbe scontrarsi con ostacoli assai più ardui delle novità biotecnologiche.

La FAO[1] ha censito quasi 2000 di specie di **insetti** consumate in Africa, Asia e America Latina e da dieci anni propugna un salto di scala: dalla raccolta in natura ad allevamenti a dimensione famigliare e comunitaria o talvolta anche industriale. Oltre che per il consumo umano, diretto o come farine e altri lavorati, sono ottimi ingredienti per mangimi animali. Per farne un chilogrammo bastano in media due chilogrammi di mangime, contro gli otto del manzo. Inoltre, alcuni si nutrono di rifiuti. Producono 10-100 volte meno gas serra del maiale; hanno contenuti di proteine e grassi sovrapponibili a carne e pesce e abbondano di fibre e sali minerali. Richiedono meno acqua e

---

[1] ALMA (2022). La nuova alimentazione, Edizioni Alma-Plan. Contenuto digitale.

meno spazio, proliferano in fretta e, di norma, non veicolano virus pericolosi.

In Occidente, salvo eccezioni, sono considerati un cibo da carestia, mentre in realtà nei Paesi in cui si mangiano sono cibi apprezzati. A parte le remore psicologiche, resta anche da studiarne a fondo la biologia e occorre definire le soluzioni tecniche per automatizzare tutto il ciclo di allevamento e lavorazione, rendendolo efficiente ed economico, e la cornice legale, a partire dagli standard di sicurezza e qualità.

Un'alternativa per ora molto futuribile è la bistecca coltivata in laboratorio a partire da cellule staminali, ma il costo di 250.000 dollari a bistecca ne esclude ogni uso a breve termine.

Varie aziende, soprattutto negli Stati Uniti, propongono alternative meno drastiche: prodotti che per sapore, consistenza e aspetto non si distinguono dai corrispettivi animali, ma sono fatti di **ingredienti vegetali**. Il principio è studiare fisica, chimica e biologia del gusto per sottoporre gli ingredienti a trattamenti che con le giuste successioni di temperatura e pressione diano loro le qualità volute.

Il consumatore sceglie oggi quei prodotti che rispondono al suo bisogno di alimentarsi, ma nel contempo sono garanzia di qualità e, quindi, di naturalità, sicurezza e, non da ultimo, salute. Il consumatore riconosce oggi che alimentarsi non è solo una risposta a un bisogno fisiologico primario, ma è anche ricerca del piacere, perché il cibo è un'esperienza sensoriale, da condividere in buona compagnia e in tranquillità. Così, sceglie di consumare cibi nutrizionalmente equilibrati e salutari, per il benessere fisico, ma anche piacevoli e appaganti per i sensi e per il benessere mentale. La **naturalità** e l'**ecosostenibilità** sono considerati importanti perché il rispetto dell'ambiente costituisce un chiaro valore aggiunto.

1. Gli alimenti funzionali

1.1. Definizione e classificazione di alimenti funzionali

Il termine "alimento funzionale" (functional food) è nato in Giappone negli anni 80 e si è diffuso in America e in Europa solo successivamente. Nel 1991 il Giappone fu fra i primi paesi ad istituire una classificazione degli alimenti utilizzabili per la tutela della salute o per la riduzione del rischio di insorgenza di malattie; oggi vige in tale paese una legislazione precisa, basata su un rigido sistema analitico di numerosi alimenti funzionali (principalmente bevande) denominati "FOod for Specified Health Use" - FOSHU.

La definizione di alimenti funzionali è in continua evoluzione. La definizione oggi comunemente accettata è quella dell'European Food Information Council (EUFIC), risale al 1999 ed è il frutto del lavoro di una commissione di esperti europei in nutrizione e medicina, che hanno lavorato per tre anni al progetto Fufose (Funcional Food Science in Europe). Il lavoro conclusivo di tale commissione porta il nome di "Consensus Document" e stabilisce che "un alimento può essere considerato funzionale se dimostra in maniera soddisfacente di avere effetti positivi su una o più funzioni specifiche dell'organismo, che vadano oltre gli effetti nutrizionali normali, in modo tale che sia rilevante per il miglioramento dello stato di salute e di benessere e/o per la riduzione del rischio di malattia. Gli alimenti funzionali devono comunque restare "alimenti" e dimostrare la loro efficacia nelle quantità normalmente consumate nella dieta.

Tale definizione è accettata e ribadita nell'ambito del Progetto ASCO alimenti funzionali della rivista della Società Italiana di Medicina Generale (**Fig. 1**).

Fig. 1: Differenza tra alimento, alimento funzionale e farmaco.

Alimento: componente di una dieta	Alimento funzionale: aiuta a prevenire determinate malattie	Farmaco: cura le malattie

Sono, in sintesi, considerati funzionali gli alimenti comunemente presenti nella dieta che contengono componenti biologicamente attivi in grado di migliorare la salute o ridurre il rischio di malattie, quali ad esempio quelli contenenti determinati minerali, vitamine, acidi grassi o fibre alimentari oppure addizionati con principi attivi di origine vegetale, antiossidanti e probiotici. Parallelamente al crescente interesse per questa categoria di alimenti, sono comparsi nuovi prodotti ed è emersa la necessità di definire standard e linee guida che ne regolino lo sviluppo e la promozione (EUFIC[2], Consiglio europeo di informazione sull'alimentazione).

Gli alimenti funzionali possono essere classificati in base all'appartenenza alle seguenti tipologie:

- un alimento naturale nel quale uno dei componenti è stato migliorato mediante condizioni speciali di coltura (patata al selenio) o selezione genetica (pomodoro ad elevato contenuto di licopene);
- un alimento arricchito in qualche componente in modo che produca un beneficio (ad esempio i probiotici, flora batterica selezionata, viva e vitale con provati effetti positivi sulla funzionalità intestinale);
- un alimento dal quale sono stati eliminati uno o più componenti in modo da sottrarre o diminuire gli effetti avversi sulla salute (birra analcolica, alimenti senza glutine);

---

[2] www.eufic.org/it

- un alimento nel quale uno o più dei suoi componenti è stato modificato chimicamente per migliorare lo stato di salute del consumatore (ad esempio gli idrolizzati proteici addizionati nei preparati per lattanti, per ridurre il rischio allergenico);
- un alimento nel quale la biodisponibilità di uno o più dei suoi componenti è stata aumentata per migliorare l'assimilazione di un componente benefico;
- una qualsiasi combinazione delle precedenti (Di Pasquale, 2009).

Un'ulteriore classificazione degli alimenti funzionali li divide in due grandi gruppi:

- alimenti che migliorano una specifica funzione fisiologica e non intervengono in malattie o stati patologici, ad esempio il caffè che aumenta le capacità cognitive per il suo contenuto in caffeina;
- alimenti che riducono il rischio di una malattia; ad esempio il pomodoro, grazie al suo contenuto in licopene, può ridurre il rischio di tumori.

Dal punto di vista puramente funzionale possiamo distinguerli, a seconda dei principi attivi in essi contenuti, in:

- antiossidanti attivi nella difesa da stress ossidativi;
- antimutageni, anticarcinogenici, detossificatori;
- antimicrobici e antivirali, stimolatori della funzione del tratto gastrointestinale e di ausilio nella digestione, immunomodulatori e antinfiammatori (ad esempio probiotici, prebiotici, fibre alimentari);
- ipocolesterolemici, anti ipertensivi (ad esempio steroli vegetali e acidi grassi omega 3 per la riduzione del colesterolo LDL e il controllo del metabolismo lipidico);
- neuroregolatori;
- a ridotta attività allergenica.

Esempi di alimenti funzionali[3] (**Tab. 1**).

Alimento	Funzione attesa
Margarine con aggiunta di fitosteroli e stanoli	Diminuzione dei livelli plasmatici di colesterolo LDL e del rischio di malattie cardiovascolari
Latti fermentati e yogurt con colture probiotiche	Miglioramento della flora microbica intestinale
Margarina, yogurt, formaggio spalmabile a base di grassi vegetali	Riduzione dell'assunzione di colesterolo
Uova arricchite con acidi grassi omega-3	Controllo dell'ipertensione, metabolismo lipidico
Cereali per la colazione arricchiti in acido folico	Riduzione del rischio di malformazioni nel feto (spina bifida)
Pane, barrette di Müsli arricchiti con isoflavoni	Riduzione del rischio di cancro e di malattie cardiovascolari
Tab.1	

---

[3] ALMA (2022). La nuova alimentazione. Edizioni Alma-Plan. 10:158.

In Europa non vi è una normativa specifica per gli alimenti funzionali ma, con l'introduzione del Regolamento (CE) n. 1924/2006 e successive modifiche, vengono espressamente disciplinate le indicazioni nutrizionali e sulla salute, affermazioni presenti sulle etichette dei prodotti al fine di pubblicizzarne le proprietà salutistiche.

L'attendibilità scientifica delle indicazioni nutrizionali e sulla salute è valutata dal **Gruppo di esperti scientifici sui prodotti dietetici, l'alimentazione e le allergie (NDA[4])**, che opera per conto dell'Autorità europea per la sicurezza alimentare (EFSA).

---

[4] www.efsa.europa.eu/en/science/scientific-committee-and-panels/nda

15

1.2. Può ogni cibo essere considerato funzionale?

Come si può notare, le varie classificazioni di alimento funzionale fino ad ora citate sono eterogenee in quanto comprendono gran parte degli alimenti oggi in commercio, da quelli più tecnologicamente avanzati e migliorati, quali ad esempio i prodotti arricchiti con calcio, vitamine e probiotici, a quelli più convenzionali ma comunque ricchi di proprietà salutistiche. Seguendo questa interpretazione più ampia, potrebbero essere definiti funzionali anche alimenti quali le banane per il contenuto di potassio, le carote per l'alto contenuto di carotenoidi, l'olio di oliva per i tocoferoli, i carotenoidi, le sostanze di origine fenolica e circa altri 200 componenti minori che lo costituiscono (Cocchi, 2007). Nel rapporto della Comunità Europea del 2010 sugli alimenti funzionali (EC - European Research Area Food, Agriculture & Fisheries & Biotechnology, 2010) ci si chiede se ogni cibo possa essere considerato funzionale in quanto fonte di nutrienti e responsabile di un effetto fisiologico. Se così fosse, la percezione del prodotto da parte del consumatore sarebbe fortemente influenzata dall'*health claim,* vale a dire da un'etichetta che ne definisca le proprietà funzionali; ovvero, qualsiasi alimento, se etichettato in modo appropriato, potrebbe essere considerato funzionale.

16

Si riportano alcuni esempi di componenti attivi[5] (**Tab. 2**).

Fonti	Esempi di componenti attivi
Micronutrienti	Vitamine C, D, E, gruppo B, minerali quali calcio, selenio, zinco
Macronutrienti	Olio di pesce, altri grassi monoinsaturi o polinsaturi, fibre
Antiossidanti	Carotenoidi, polifenoli, flavonoidi
Probiotici	Microorganismi vivi con effetto equilibratore sulla flora intestinale come i lattobacilli e i bifidobatteri
Prebiotici	Componenti alimentari non digeribili in grado di stimolare la crescita di alcune specie batteriche saprofite del colon quali i fruttooligosaccaridi e l'inulina
Simbiotici	Alimenti che contengono probiotici e prebiotici che agiscono in sinergia
Altri estratti vegetali	Fitosteroli, fitostanoli, ecc.
Tab. 2	

---

[5] www.lexfood.it/attualita/gli-alimenti-funzionali-caratteristiche-e-normativa/

1.3. Effetti dei diversi alimenti funzionali sull'organismo

L'impegno degli esperti di salute e nutrizione è oggi quello di contrastare l'aumento di malattie croniche nei paesi occidentali, causato prevalentemente da uno scorretto stile di vita caratterizzato da sedentarietà ed alimentazione ipercalorica. Uno dei temi più studiati dai nutrizionisti è, infatti, quello di ottenere alimenti a basso contenuto energetico ma con livelli inalterati di nutrienti fondamentali e funzionali, al fine di bilanciare l'introduzione ed il dispendio di energia e limitare il problema del sovrappeso. Qui di seguito sono citati i principali esempi di correlazione ipotizzata tra alimenti e benessere di sistemi e apparati dell'organismo umano, tratti dal documento EC-Functional Food 2010. Non tutte le sostanze citate di seguito sono però state autorizzate dalle decisioni dell'EFSA, come si evince dalla consultazione del registro pubblicato on line nel maggio 2012[6]. Tale registro, è in continua evoluzione in quanto viene aggiornato ogni qualvolta l'EFSA esprima nuovi pareri favorevoli o contrari.

Funzione immunitaria: può essere influenzata dalla alimentazione, in particolare dalle seguenti sostanze: vitamine,

---

[6] Regolamento (UE) n. 432/2012.

alcuni metalli in tracce (rame, zinco, manganese), acidi grassi polinsaturi (PUFA) omega 3 e omega 6, l-arginina, nucleotidi e nucleosidi, probiotici, prebiotici e simbiotici (alimenti nei quali probiotici e prebiotici vengono usati in combinazione).

Tratto gastrointestinale: costituisce l'interfaccia tra la dieta e le funzioni metaboliche, pertanto sono allo studio alimenti funzionali, quali probiotici, prebiotici e simbiotici implicati nella composizione e nell'attività metabolica della flora intestinale. **Salute mentale**: il comportamento, le prestazioni cognitive e lo stato mentale (umore, reazione allo stress, memoria a breve termine, attenzione, variazioni nei processi mentali degli anziani) potrebbero essere influenzati da alcune molecole quali glucosio, caffeina, vitamina B, carboidrati, alcuni aminoacidi, acidi grassi, s-adenosilmetionina o SAMe, acido folico. Gli studi nutrizionali relativi a questi prodotti sono tuttora in corso. **Invecchiamento**: spesso è associato a condizioni patologiche quali malattie cardiovascolari, tumori, cataratta, Parkinson, Alzheimer, osteoartriti e conseguente stress ossidativo dell'organismo. Gli antiossidanti naturalmente presenti in alcuni alimenti (vitamina C ed E, carotenoidi, flavonoidi e altri polifenoli ed acidi grassi omega 3) sono potenziali ingredienti funzionali, per questo motivo le piante che li contengono (bacche, mangostano, melagrana, pomodori, uva e ginkgo biloba) sono allo studio da parte delle industrie alimentari per la produzione di nuovi alimenti funzionali.

Performance fisiche: possono essere migliorate da bevande funzionali contenenti carboidrati, micronutrienti, caffeina, alcuni amminoacidi, carnitina e creatina (l'unica attualmente autorizzata dall'EFSA) in quanto forniscono un giusto equilibrio di fluidi, elettroliti e substrati energetici in formulazioni comode e prontamente disponibili.

Obesità: è diventata un problema di salute globale. La riduzione progressiva del peso corporeo può essere ottenuta riducendo l'apporto calorico introducendo nella dieta sia alimenti funzionali sostitutivi di grassi e zuccheri sia alimenti con basso indice glicemico e fibre che aumentano il senso di sazietà. Fra questi: il chitosano, l'acido linoleico coniugato, i digliceridi, trigliceridi a catena media, il tè verde, la caffeina e il calcio.

Malattie cardiovascolari: rappresentano la principale causa di mortalità nei Paesi Occidentali seppure la maggior parte di esse sia prevenibile. I tradizionali fattori di rischio associati a queste patologie sono l'ipercolesterolemia, l'ipertensione, il diabete, il fumo, l'obesità, una errata alimentazione e ovviamente l'ereditarietà; in molti casi modificabili variando abitudini e comportamenti. È tuttora allo studio come alcuni alimenti funzionali a basso contenuto di acidi grassi saturi, gli alimenti ricchi di grassi mono e polinsaturi, i fitosteroli, i polifenoli, possano garantire e preservare la salute del cuore mantenendo basso il livello di colesterolo LDL.

Diabete: quello di tipo 2 è spesso associato ad obesità e scarsa attività fisica. Del resto la dieta ha un ruolo fondamentale nel controllo di tale patologia, numerosi alimenti, infatti, sono importanti per gli effetti benefici sul metabolismo del glucosio e la sensibilità all'insulina: cibi integrali, frutta, verdura, alimenti con basso contenuto di grassi saturi, alimenti amidacei e fibre solubili a basso indice glicemico, alcune spezie e cromo.

Malattie dell'apparato muscolo scheletrico e salute delle ossa: l'osteoartrite e l'osteoporosi sono causa di elevati tassi di morbilità e di mortalità fra la popolazione anziana in Europa. Sono attualmente allo studio da parte dell'industria un certo numero di ingredienti naturali per la produzione di alimenti funzionali finalizzati alla cura dell'osteoartrite (glucosamina, collagene idrolisato, metilsulfonilmetano (MSM), s-adenosilmetionina (SAMe) e semi di soia) e della salute delle ossa in generale (calcio, magnesio, vitamine D, K, C, frutta e verdura, minerali in tracce come manganese, rame, zinco).

1.4. La differenza tra alimenti funzionali, integratori alimentari e nutraceutici

Se a prima vista gli scopi di un alimento funzionali appaiano simili o sovrapponibili a quelli di un integratore alimentare, le due tipologie differiscono quanto alla forma e alla proprietà nutrizionali[7].

Gli **integratori** (disciplinati a livello europeo dalla dir. n. 2002/46/CE, e, in Italia, dal D. Lgs. 21 maggio 2004, n. 169), infatti, si presentano in forme "compatte" quali polveri, capsule, barrette, gel ecc. e hanno un **apporto calorico scarso**. Come suggerisce il significato del loro nome, essi integrano una normale dieta, non si sostituiscono ad essa.

Gli alimenti **funzionali**, invece, **sono alimenti comuni**, assunti normalmente nel corso della giornata come parte della propria dieta ma che, appunto, presentano tenori di sostanze utili particolarmente elevati e tali da incidere sul benessere e sulla salute dell'individuo che li consuma.

---

[7] www.lexfood.it/attualita/gli-alimenti-funzionali-caratteristiche-e-normativa/

I **nutraceutici**, infine, sono degli integratori alimentari dove però le sostanze attive di origine naturale (ottenute soprattutto da ortaggi, frutta, legumi) vengono **altamente purificate e concentrate** a tutto beneficio della loro efficacia, utilizzando tecniche prese "in prestito" dall'industria farmaceutica (da cui il nome di nutraceutica, ideato dal dr. Stephen DeFelice nel 1989).

Nei nutraceutici, dunque, a differenza che nei comuni integratori, lo scopo è quello di far assumere al consumatore sostanze che normalmente già assume con la normale dieta, ma in quantità maggiori e concentrate grazie alla loro sintesi forma farmaceutica (capsule, pasticche o altro).

Si può dire, pertanto, che il tratto saliente che vale a caratterizzare i cibi funzionali è che questi sono alimenti a tutti gli effetti, consumati normalmente e nel corso della normale dieta e a cui vengono aggiunte funzionalità ulteriori rispetto a quelle nutritive di base.

In nessuno di questi casi (cibi funzionali, integratori alimentari e nutraceutici), chiaramente, si parla di effetti terapeutici, ovvero non di prevenzione di malattie, bensì di cura delle stesse: in tal caso si cadrebbe nella categoria dei farmaci.

Fonte: elaborazioni Area Studi Mediobanca su fonti diverse[8]
(**Tab. 3, 4 e 5**).

Cibi funzionali naturali	Pomodori (licopene), salmone (Omega 3), soia (Saponine), yogurt (*Lactobacillus acidophilus, Bifidobacterium*), alghe marine (Fucoidani), broccoli (Solforafano, Glucosinolati), carote (ß-carotene), curcuma (Curcumina)
Tab. 3	

---

[8] http://ilfattoalimentare.it/momento-nutraceutici-alimenti-funzionali-integratori-mediobanca.html

Nutraceutica (Tab. 4)

Alimentazione funzionale	**Cibi funzionali arricchiti**	Succo d'arancia con calcio, pane con antocianina, latte e uova con Omega3 o vitamine, bevande con collagene
	Cibi funzionali fortificati	Latte con calcio, cereali con vitamine, succhi di frutta con vitamine
	Cibi funzionali ricombinati (via modificazione genetica e biotecnologia)	Kiwi gold, golden rice, golden potato
	Cibi funzionali free from	Senza zucchero o grassi (dietetici), senza glutine, senza allergeni, senza lattosio, iposodici, senza ingredienti di origine animale (vegan)

Nutraceutica (Tab. 5)

Integratori	Confezioni predosate di: vitamine (A, B, C, D, E), minerali (calcio, ferro, magnesio, zinco), acido folico, aloina, barbaloina, carotenoidi, probiotici (*Lactobacillus acidophilus*, *Bifidobacterium*), prebiotici (Fruttooligosaccaridi, inulina), zuccheri, sali minerali o sostanze energizzanti (integratori per uso sportivo)
Alimentazione speciale con funzione medica	Cibi a composizione controllata in relazione alle specifiche deficienze o patologie di digestione e assorbimento
Alimentazione sportiva	Reintegratori, ipercalorici
Alimentazione per l'infanzia (1-3 anni)	Omogeneizzati, biscotti, latte artificiale, pouches (puree di frutta)

1.5. Gli integratori alimentari

Gli integratori[9] alimentari sono prodotti alimentari destinati ad integrare la comune dieta e che costituiscono **una fonte concentrata di sostanze nutritive** (vitamine, sali minerali) **o di altre sostanze aventi un effetto nutritivo o fisiologico** (amminoacidi, acidi grassi essenziali, fibre ed estratti di origine vegetale). Una sostanza, per essere usata in un integratore alimentare, deve aver fatto registrare in ambito UE un pregresso consumo significativo come prova di sicurezza. Se non ricorre tale condizione, la sostanza si configura come un nuovo ingrediente (novel food). I prodotti più comuni sono:

- ✓ integratori energetici;
- ✓ integratori di vitamine e sali minerali;
- ✓ integratori di proteine o amminoacidi;
- ✓ derivati amminoacidici;
- ✓ acidi grassi;
- ✓ fibre.

---

[9] ALMA (2022). La nuova alimentazione. Edizioni Alma-Plan. 10:161.

L'etichetta deve riportare il nome della sostanza e la dose raccomandata per l'assunzione giornaliera. Inoltre, deve avvertire che:

o non si devono superare le dosi raccomandate;
o gli integratori non vanno intesi come sostituti di una dieta varia;
o gli integratori vanno tenuti fuori dalla portata dei bambini al di sotto dei tre anni di età. Infine, deve precisare l'effetto nutritivo o fisiologico attribuito al prodotto.

1.6. I prodotti light

I prodotti light[10] sono alimenti che hanno un contenuto nutritivo ed energetico inferiore di almeno il 30% rispetto a quelli "normali". Classificazione dei prodotti light (**Fig. 2**).

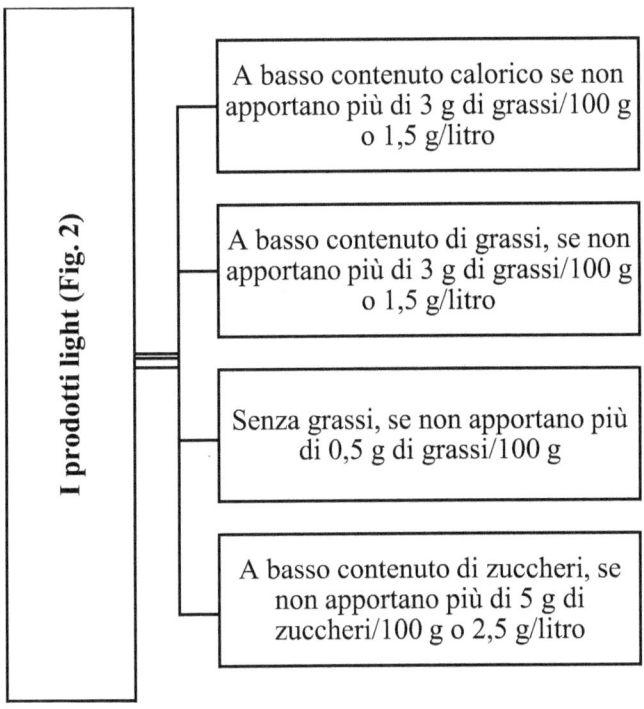

A basso contenuto calorico se non apportano più di 3 g di grassi/100 g o 1,5 g/litro

A basso contenuto di grassi, se non apportano più di 3 g di grassi/100 g o 1,5 g/litro

Senza grassi, se non apportano più di 0,5 g di grassi/100 g

A basso contenuto di zuccheri, se non apportano più di 5 g di zuccheri/100 g o 2,5 g/litro

---

[10] ALMA (2022). La nuova alimentazione. Edizioni Alma-Plan. 10:159.

1.7. I prodotti alimentari dietetici

I prodotti alimentari dietetici[11] sono stati ideati e formulati per far fronte alle esigenze nutrizionali di soggetti con particolari necessità o in particolari fasi della vita. Il termine dietetico non ha quindi alcuna attinenza con la qualità dell'alimento e con il suo valore energetico.

Gli alimenti dietetici comprendono (**Fig. 3**):

---

[11] ALMA (2022). La nuova alimentazione, Edizioni Alma-Plan. 10:160.

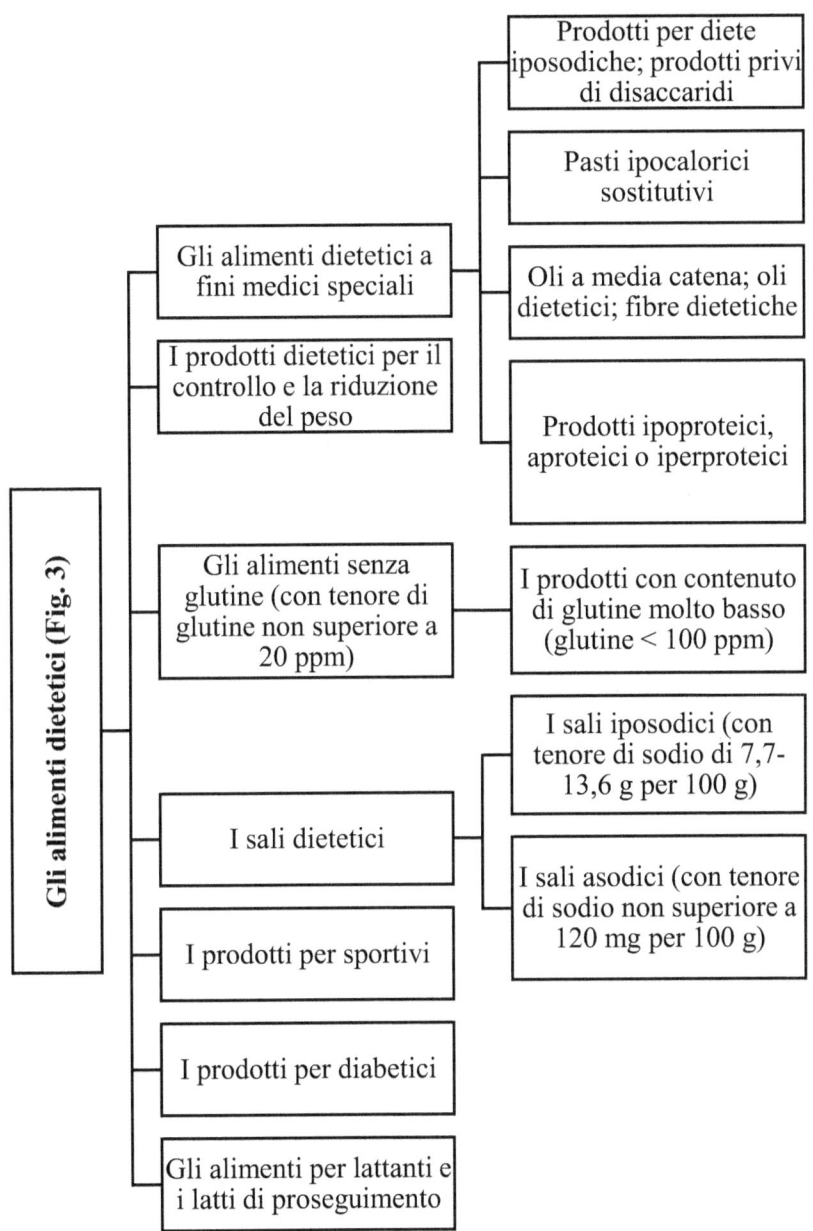

31

1.8. I *claims* (indicazioni nutrizionali e sulla salute)

Il Regolamento (CE) n. 1924/2006 armonizza i *"claims"* [12], ossia indicazioni nutrizionali e sulla salute fornite sui prodotti alimentari, allo scopo di garantire ai consumatori l'accuratezza e la veridicità delle informazioni.

L'etichetta degli alimenti, oltre a fornire informazioni necessarie relative al prodotto commercializzato, può essere utilizzata dal produttore come mezzo per valorizzare i propri prodotti e dal consumatore per fare scelte più attente e in linea con le sue necessità.

Un'indicazione nutrizionale è "qualunque indicazione che affermi, suggerisca o sottintenda che un alimento abbia particolari proprietà nutrizionali benefiche, dovute all'energia (valore calorico) che apporta, apporta a tasso ridotto o accresciuto o non apporta; e/o alle sostanze nutritive o di altro tipo che contiene, contiene in proporzioni ridotte o accresciute o non contiene" (art. 2, Regolamento CE n. 1924/2006). Un'indicazione sulla salute è "qualunque indicazione che affermi o suggerisca l'esistenza di un rapporto tra un alimento o

---

[12] ALMA (2015). Scienza e cultura dell'alimentazione, Edizioni Alma-Plan. Contenuto digitale.

uno dei suoi componenti e la salute" (art. 2, Regolamento CE n. 1924/2006). Le indicazioni sulla salute sono consentite solo se sull'etichetta sono comprese le seguenti informazioni:

✓ una dicitura relativa all'importanza di una dieta varia ed equilibrata e di uno stile di vita sano;

✓ la quantità dell'alimento e le modalità di consumo necessarie per ottenere l'effetto benefico indicato.

Vi sono diversi tipi di indicazioni sulla salute:

✓ dichiarazioni relative a sostanze nutritive o di altro genere che possono contribuire alla crescita, allo sviluppo e alle normali funzioni dell'organismo (per esempio, "Il calcio è necessario per il mantenimento di ossa normali");

✓ affermazioni sulla diminuzione del rischio di contrarre una malattia (per esempio, "È dimostrato che la sostanza ... abbassa/riduce il colesterolo nel sangue").

Le indicazioni sulla salute fornite sui prodotti alimentari devono essere preventivamente autorizzate dall'EFSA e incluse in un elenco di indicazioni consentite.

33

Sono esempi:

- ○ "Leggero/Light" (il valore energetico è ridotto di almeno 30%);

- ○ "Fonte di acidi grassi omega-3" (il prodotto contiene almeno 0,3 g di acido alfa-linolenico per 100 gr o 100 kcal);

- ○ "Ricco di acidi grassi omega-3" (il prodotto contiene almeno 0,6 g di acido alfa-linolenico per 100 gr o 100 kcal);

- ○ "ricco di grassi monoinsaturi/ricco di acidi grassi polinsaturi" (almeno il 45% degli acidi grassi presenti nel prodotto deriva da grassi monoinsaturi/polinsaturi e a condizione che gli stessi apportino oltre il 20% del valore energetico del prodotto);

- ○ "Ricco di grassi insaturi" (almeno il 70% degli acidi grassi presenti nel prodotto deriva da grassi insaturi e a condizione che gli stessi apportino oltre il 20% del valore energetico del prodotto);

- ○ "Fonte di fibre" (il prodotto contiene almeno 3 g di fibre per 100 g o almeno 1,5 g di fibre per 100 kcal);

o "Ad alto contenuto di fibre" (il prodotto contiene almeno 6 g di fibre per 100 g o almeno 3 g di fibre per 100 kcal);

o "Ad alto contenuto di proteine" (almeno il 20% del valore energetico dell'alimento è apportato da proteine);

o "Fonte di/ad alto contenuto di…" completato dal nome della vitamina e/o del minerale (il prodotto contiene almeno il 15/30% della dose giornaliera raccomandata di vitamina e/o minerale);

o "A tasso ridotto di…" completato dal nome della sostanza nutritiva (la riduzione è pari ad almeno il 30% rispetto a un prodotto simile).

1.9. Alimenti funzionali nella dieta mediterranea

Portiamo ad esempio il caso della dieta Mediterranea riconosciuta dall'UNESCO come Patrimonio Immateriale dell'Umanità[13]. Tale dieta, potenzialmente ricca di alimenti funzionali che offrono protezione nei confronti delle malattie cardiovascolari, è stata oggetto della presentazione di una richiesta di *health claim*.

Nel valutare ogni specifica relazione cibo/salute alla base di un *health claim*, l'NDA considera la misura in cui:

- l'alimento/costituente è definito e caratterizzato;
- l'effetto indicato è definito ed è un effetto fisiologico benefico per la salute umana;
- un rapporto di causa ed effetto si instaura tra il consumo dell'alimento/costituente e l'effetto indicato.

---

[13] http://unesco.cultura.gov.it/projects/mediterranean-diet/

L'approvazione del *claim* dipende dall'esito favorevole della valutazione dei punti sopra indicati. Per ogni *claim*, ogni relazione tra un alimento/costituente e un effetto sulla salute dichiarato è valutata separatamente e le singole valutazioni si combinano per formare un parere generale coerente.

La caratterizzazione fornita dagli Stati Membri specifica che la dieta Mediterranea è *"basata su un elevato consumo di frutta, verdura, cereali, legumi, frutta in guscio e semi; un apporto moderato di prodotti lattiero caseari, pesce, pollame e uova e uno scarso uso di carne rossa; il consumo di vino è moderato, mentre il grasso principalmente utilizzato per cucinare e come condimento è l'olio di oliva"*.

In riferimento ai dati presentati, l'NDA ha concluso che non è possibile stabilire un rapporto di causa effetto tra l'adozione di una dieta Mediterranea e l'*health claim* proposto, data l'insufficiente caratterizzazione dell'espressione "dieta Mediterranea".

1.10.   Le sostanze bioattive

Le sostanze non nutrienti di interesse nutrizionale sono tutte quelle componenti degli alimenti che non hanno caratteristiche tali da poter essere considerate nutrienti, ma che hanno un effetto sull'organismo, contribuendo a determinarne lo stato di salute e di benessere.

Rientrano in questo gruppo la fibra alimentare, i componenti bioattivi e l'alcol.

In particolare, i **componenti bioattivi**[14] sono sostanze:

- non classificabili come nutrienti, perché non indispensabili per la sopravvivenza;
- contenute negli alimenti in quantità modeste;
- attive dal punto di vista biologico, perché hanno proprietà che agiscono sulle attività fisiologiche delle cellule, contribuendo a determinare lo stato di salute e benessere dell'organismo.

I componenti biologicamente attivi di origine vegetale ai quali è stata riconosciuta un'azione protettiva fondamentale contro

---

[14] Academia Universa Press (2013). La scienza degli alimenti, Edizioni Plan. Contenuto digitale.

alcune patologie (cancro, malattie cardiovascolari, diabete) sono identificati come **fitonutrienti** (o *composti fitochimici*). Tra di essi, vanno ricordate in particolare le **sostanze ad azione antiossidante**: esse, in combinazione con sali minerali e vitamine, ostacolano l'azione dei radicali liberi, responsabili dell'alterazione della struttura cellulare (membrana e materiale genetico) e della conseguente accelerazione dei processi di invecchiamento, così come dell'innesco di reazioni che generano formazioni tumorali.

Altre sostanze, come per esempio gli *isotiocianati* e gli *indoli*, contenuti negli ortaggi appartenenti alla famiglia delle crocifere, così come gli *allilsolfuri*, contenuti negli ortaggi a bulbo, pare abbiano una rilevante azione preventiva nei confronti del cancro.

Oltre a questi composti, rientrano nella categoria delle sostanze bioattive:

- i composti fenolici
- i carotenoidi
- i fitosteroli
- i probiotici
- i prebiotici
- le sostanze nervine.

I **composti fenolici** combinano all'azione antiossidante l'attività preventiva nei confronti di tumori e malattie cardiache. Alcuni esempi di composti appartenenti a questo gruppo sono i tannini (nocciole e bacche), il resveratrolo (uva, vino rosso) e le cumarine (ortaggi e agrumi).

Particolarmente rilevante è il gruppo dei flavonoidi, comprendente flavoni (prezzemolo, spinaci, tè verde), flavonoli (vegetali di colore rosso-blu, viola, blu), flavanoni (agrumi), flavanoli (uva, mirtilli, mele, tè, cioccolato), antocianine (frutti di bosco, frutta secca oleosa, legumi) e isoflavoni (soia).

I **carotenoidi** (alfa, beta e gamma) sono composti di natura lipidica precursori della vitamina A (provitamina A) che l'organismo provvede a trasformare in vitamina. In particolare, il beta-carotene (frutta e verdura di colore giallo, arancio, rosso e verde) e il licopene (pomodoro e anguria), oltre ad avere azione antiossidante, riducono il rischio di insorgenza di tumori e malattie cardiache.

Anche altri carotenoidi, come i limonoidi (agrumi), i tocoferoli e i tocotrienoli (ortaggi a foglia verde, noci) hanno azione antitumorale. La luteina (ortaggi a foglia verde, piselli e tuorlo d'uovo) ha azione protettiva contro la cataratta e la degenerazione senile della retina.

I **fitosteroli** sono steroli di origine vegetale che sono in grado di ridurre l'assorbimento del colesterolo.

I **probiotici** sono colture di batteri vivi dei generi *Lactobacillus* e *Bifidobacterium* che sono usate nella produzione di alimenti trasformati (yogurt, formaggi, latti fermentati, verdure).

Si tratta di ceppi batterici in grado di attraversare la barriera gastrica e di arrivare all'intestino, mantenendosi attivi contro i microrganismi patogeni.

Secondo la definizione ufficiale della FAO e dell'OMS i probiotici sono "organismi vivi che, somministrati in quantità adeguata, apportano un beneficio alla salute dell'ospite": i probiotici contribuiscono infatti al mantenimento della flora batterica intestinale e al rafforzamento delle difese immunitarie, favorendo nel contempo la sintesi di vitamine e l'assorbimento intestinale dei sali minerali (calcio).

Per favorire l'azione dei probiotici sono stati ideati i **prebiotici**: essi sono ingredienti alimentari non digeribili (quindi che non subiscono l'azione degli enzimi dell'intestino tenue ma giungono inalterati nell'intestino crasso) che stimolano lo sviluppo di specifici batteri probiotici, con effetti benefici sull'organismo.

Le **sostanze nervine** si caratterizzano per l'effetto stimolante o rilassante sul sistema nervoso. In particolare, quelle ad azione eccitante sono particolari alcaloidi (caffeina, teofillina e teobromina) che stimolano il sistema nervoso, quello cardiaco e quello respiratorio, favorendo in misura variabile anche la diuresi.

2. Novel food

2.1. Introduzione ai nuovi alimenti

I progressi tecnologici e scientifici in ambito alimentare hanno portato sui mercati nuovi prodotti. I novel food, cioè i nuovi alimenti o i **nuovi ingredienti alimentari**, disciplinati dalla legislazione europea con il Regolamento (CE) n. 258/1997, sono prodotti e sostanze alimentari per i quali non è dimostrabile un consumo "significativo" al 15 maggio 1997 all'interno dell'Unione europea, data di entrata in vigore del regolamento medesimo.

Per ingrediente si intende qualsiasi sostanza utilizzata nella fabbricazione e/o preparazione di un prodotto alimentare e ancora presente nel prodotto finito, eventualmente anche in forma modificata. Questa definizione di ingrediente comprende quindi gli additivi e gli enzimi, ma esclude i contaminanti e gli adulteranti.

Ricordando che il Regolamento (CE) n. 258/1997 ha escluso dai novel food gli alimenti OGM (Organismi Geneticamente Modificati), che sono disciplinati in modo specifico dal Regolamento (CE) n. 1829/2003.

2.2. Quali sono i requisiti per la commercializzazione

Per il legislatore il consumo pregresso e significativo di un alimento senza che siano stati evidenziati effetti sfavorevoli rappresenta una prova di sicurezza. I novel food sono però privi di questo requisito e, per essere commercializzati, devono essere sottoposti ad approvazione, in base alle procedure stabilite dal Regolamento (CE) n. 258/1997. Inoltre, i novel food devono ricadere in una delle seguenti categorie:

> ➢ prodotti o ingredienti alimentari con una struttura molecolare primaria nuova o volutamente modificata;
> ➢ prodotti o ingredienti alimentari costituiti o isolati a partire da microrganismi, funghi o alghe;
> ➢ prodotti o ingredienti alimentari costituiti da vegetali o isolati a partire da vegetali e ingredienti alimentari isolati a partire da animali;
> ➢ prodotti e ingredienti alimentari sottoposti a un processo di produzione non generalmente utilizzato, che comporta, nella composizione o nella struttura dei prodotti o degli ingredienti alimentari, cambiamenti significativi del valore nutritivo, del loro metabolismo o del tenore di sostanze indesiderabili.

2.3 Nuovi prodotti alimentari secondo EFSA

Sulle nostre tavole arrivano in continuazione nuovi tipi di prodotti alimentari. I fattori scatenanti di tale fenomeno risiedono nell'aumento della globalizzazione, nella ricchezza di popolazioni diverse e nella ricerca di fonti nuove di sostanze nutrienti[15].

---

[15] www.efsa.europa.eu/it/topics/topic/novel-food

Il concetto di "nuovi alimenti" (novel food) non è nuovo. Cominciamo dalla parola novel che non vuol dire solo "nuovo", ma descrive qualcosa che è anche insolito, non convenzionale o innovativo. "Novel" implica però anche un nesso temporale.

È nuovo o innovativo qualcosa in cui si viene a contatto per la prima volta. Col tempo ci abituiamo alla novità e la consideriamo normale e convenzionale.

Nel corso della storia nuovi tipi di alimenti, ingredienti alimentari o modalità di produzione alimentare hanno fatto il loro ingresso in Europa da tutti gli angoli del globo inserendosi nella nostra alimentazione. Mais, pomodori e patate: tutti hanno origine dall'Amarica del Nord e del Sud. Pasta e riso sono ora alimenti base della nostra dieta, e ambedue giunsero dall'Asia.

Il caffè che proviene dall'Africa orientale raggiunse l'Europa tramite il Nord Africa e il Medio Oriente. Banane, frutti tropicali, ed un'ampia varietà di spezie sono tutti arrivati in Europa in origine come nuovi prodotti.

L'elenco di cibi nati come "novel food" e che ora consumiamo normalmente è diventato infinito nel corso dei secoli.

Tra gli ultimi arrivati ci sono:

- i semi di Chia e la quinoa dal Sud America
- il frutto del baobab dall'Africa
- la physalis (o alchechengi peruviano o ribes del Capo)
- gli alimenti a base di alghe.

Inoltre, grilli, larve o uova di insetti fanno parte della normale dieta in altre parti del mondo dove sono considerati alimenti tradizionali. Sta crescendo l'interesse verso l'introduzione di insetti edibili sul mercato europeo.

Ai sensi della normativa UE qualsiasi cibo che non sia stato consumato "in modo rilevante" prima del 15 maggio 1997 è da considerarsi nuovo alimento. La categoria comprende nuovi alimenti, alimenti da nuove fonti di vitamina K (menachinone) o estratti da alimenti esistenti (gli oli ricchi di acidi grassi omega-3 derivati dal krill) nuove sostanze utilizzate nei prodotti alimentari che vengono aggiunte per modificare certe proprietà dei cibi (ad esempio gli steroli vegetali e gli insetti commestibili) o le nanotecnologie come nuove modalità di produzione alimentare (alimenti trattati con raggi UV latte, pane, funghi e lievito).

In particolare, gli estratti da alimenti esistenti come l'olio di Krill antartico ricco di fosfolipidi da *Euphausia superba*. Il krill è un piccolo crostaceo dell'antartico di piccole dimensioni e dal breve ciclo di vita. Questo significa che il possibile accumulo di metalli pesanti, pesticidi e altre sostanze inquinanti è praticamente nullo. Purtroppo tutto questo invece può accadere per l'Omega 3 ottenuto da olio di pesci più grandi e dal ciclo vitale più lungo e che quindi contengono mercurio.

Si riportano le categorie dei novel food (**Fig. 4**).

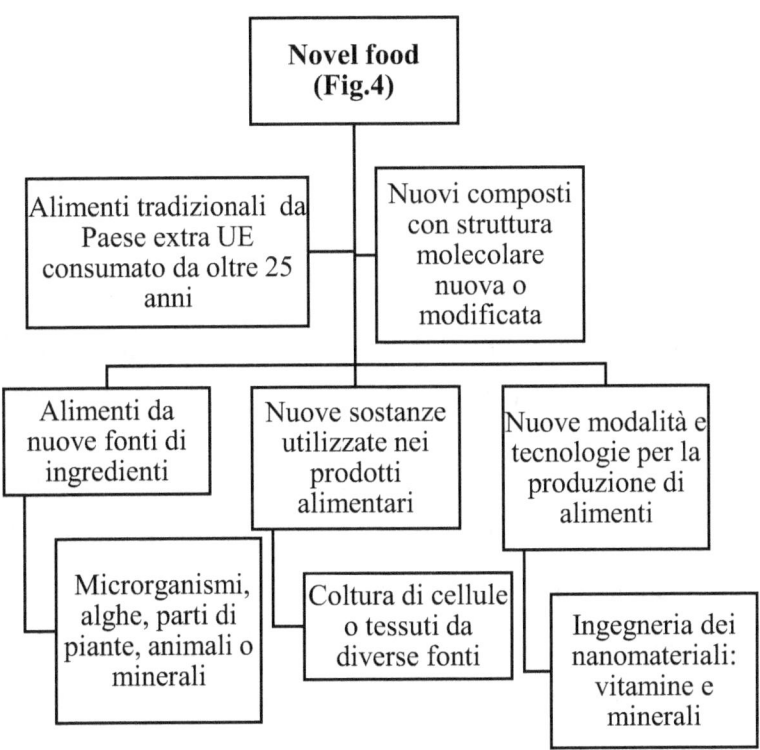

Novel food (Fig.4)

Alimenti tradizionali da Paese extra UE consumato da oltre 25 anni

Nuovi composti con struttura molecolare nuova o modificata

Alimenti da nuove fonti di ingredienti

Nuove sostanze utilizzate nei prodotti alimentari

Nuove modalità e tecnologie per la produzione di alimenti

Microrganismi, alghe, parti di piante, animali o minerali

Coltura di cellule o tessuti da diverse fonti

Ingegneria dei nanomateriali: vitamine e minerali

2.4 Ruolo dell'EFSA sugli alimenti nuovi e tradizionali

Da consumatori, prima di provare un qualsiasi alimento nuovo, vogliamo essere certi che non ci faccia male. Pertanto tutti i novel food vanno valutati dal punto della sicurezza.

Sin da quando il nuovo regolamento UE sui nuovi prodotti alimentari è entrato in vigore nel gennaio 2018, l'EFSA (Autorità europea per la sicurezza alimentare) esegue la valutazione scientifica dei rischi legati alla sicurezza di un nuovo alimento su richiesta della Commissione europea.

L'EFSA effettua la valutazione della sicurezza sulla base dei fascicoli documentali presentati dai richiedenti. I fascicoli devono includere dati sulla composizione e sulle caratteristiche nutrizionali, tossicologiche e allergeniche del **nuovo alimento,** nonché informazioni sui processi produttivi, su gli usi e i livelli di utilizzo proposti.

Gli **alimenti tradizionali** sono un sottoinsieme dei nuovi alimenti. L'EFSA, in parallelo con gli Stati membri, ne valuta la sicurezza d'uso sulla base delle informazioni fornite dal richiedente e dei dati disponibili in letteratura scientifica. I richiedenti devono documentare la sicurezza d'impiego dell'alimento tradizionale in almeno un Paese extra Unione europea per un periodo di almeno 25 anni. Vedi linee guida[16].

Non è l'EFSA che decide se un alimento sia da considerare nuovo o tradizionale da Paese terzo; ciò spetta ai gestori UE del rischio. Parimenti i gestori del rischio decidono se un nuovo alimento o un alimento tradizionale proveniente da un Paese terzo possa essere immesso sul mercato dell'Unione europea, e quali debbano esserne le condizioni d'uso.

---

[16] www.efsa.europa.eu/en/efsajournal/pub/4590

2.5 Tendenze future

Panoramica dell'area dei nuovi prodotti alimentari:

- ➤ proteine alternative e loro fonti (**Fig. 5**);
- ➤ carboidrati innovativi come nuovi alimenti (**Fig. 6**);
- ➤ nuovi alimenti sotto forma di integratori alimentari (**Fig. 7**).

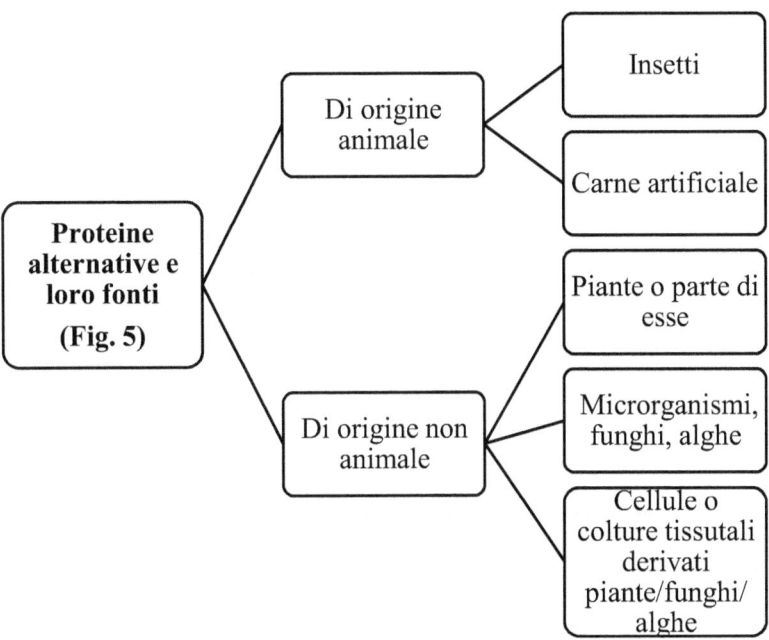

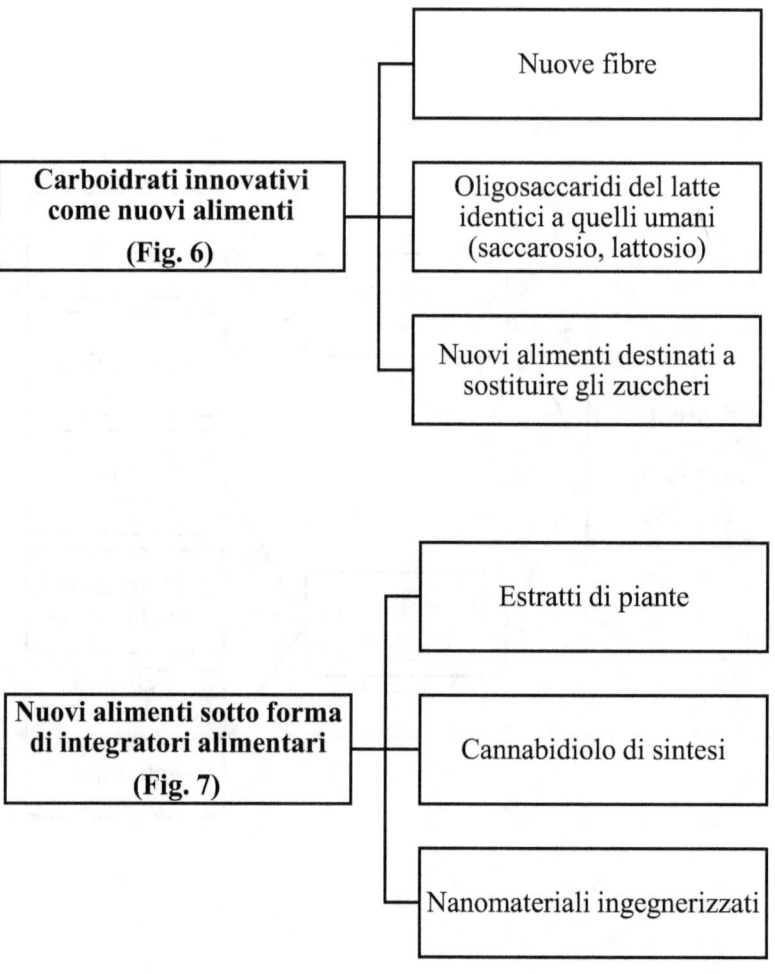

2.6 Quadro UE

L'autorizzazione e l'uso di nuovi alimenti e ingredienti alimentari sono stati armonizzati nell'Unione europea nel 1997, quando fu adottato il regolamento CE 258/1997 sui nuovi alimenti e i nuovi ingredienti alimentari.

Nel 2013 la Commissione ha presentato una proposta di nuovo regolamento in materia. I co-legislatori Parlamento europeo e Consiglio hanno raggiunto un accordo con il nuovo **regolamento UE 2015/2283**[17] relativo ai nuovi alimenti introducendo la centralizzazione della procedura di valutazione e di autorizzazione, rendendo il processo più snello nel suo insieme.

Dal 1° gennaio 2018 è la Commissione europea che ha il compito di autorizzare i nuovi alimentari e, nell'ambito della procedura, può chiedere all'EFSA di effettuare una valutazione scientifica dei rischi per stabilirne la sicurezza.

---

[17] http://eur-lex.europa.eu/legal-content/IT/TXT/?uri=CELEX:32015R2283

Lo stesso regolamento specifica il termine legale di 9 mesi affinché l'EFSA finalizzi la sua valutazione scientifica della sicurezza e fornisca poi la valutazione della sicurezza alla Commissione europea.

Per la notifica di alimenti tradizionali provenienti da Paesi terzi il nuovo regolamento semplifica il processo di autorizzazione richiedendo prove della sicurezza d'impiego in almeno un Paese extraeuropeo per un periodo di 25 anni.

La notifica viene inviata alla Commissione europea e poi inoltrata a tutti gli Stati membri e all'EFSA. Entro quattro mesi dal ricevimento di una notifica valida, uno Stato membro o l'EFSA stessa possono presentare obiezioni circa la sicurezza relativa all'immissione sul mercato dell'alimento tradizionale notificato.

In conclusione, la sicurezza alimentare rimane un criterio essenziale per l'autorizzazione dei novel food.

È necessaria l'autorizzazione preventiva all'immissione in commercio dei novel food sulla base di una valutazione in linea con i seguenti principi:

- essere sicuri per i consumatori;
- essere etichettati correttamente (al fine di non trarre in inganno i consumatori);
- nel caso di sostituzione di un altro alimento, non devono differire in modo tale che il consumo del nuovo alimento sia svantaggioso dal punto di vista nutrizionale del consumatore.

Alcuni esempi di novel food valutati da EFSA negli ultimi anni e validati dalla Commissione europea per poi essere inseriti nel mercato EU sono illustrati in **Fig. 8**:

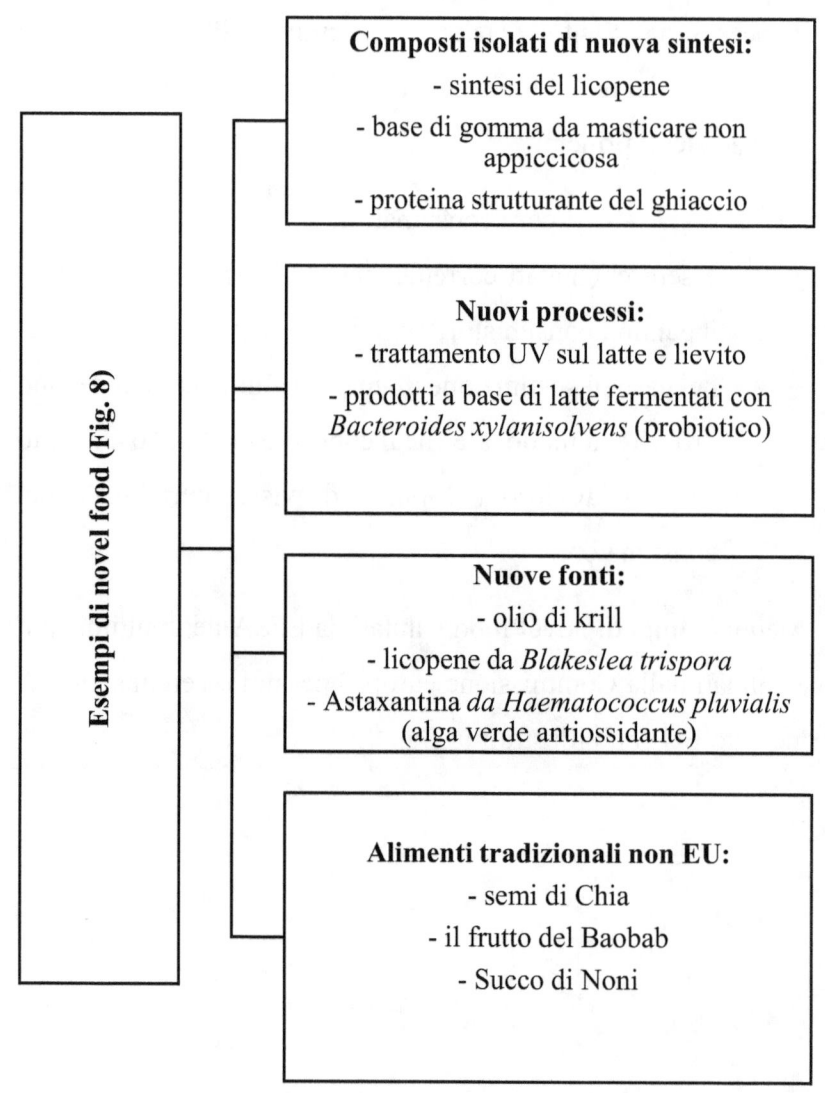

Esempi di novel food (Fig. 8)

Composti isolati di nuova sintesi:
- sintesi del licopene
- base di gomma da masticare non appiccicosa
- proteina strutturante del ghiaccio

Nuovi processi:
- trattamento UV sul latte e lievito
- prodotti a base di latte fermentati con *Bacteroides xylanisolvens* (probiotico)

Nuove fonti:
- olio di krill
- licopene da *Blakeslea trispora*
- Astaxantina *da Haematococcus pluvialis* (alga verde antiossidante)

Alimenti tradizionali non EU:
- semi di Chia
- il frutto del Baobab
- Succo di Noni

2.7 Gli insetti commestibili

Gli insetti[18] sono organismi complessi, e ciò rende problematica la caratterizzazione della composizione dei prodotti alimentari da essi derivati. Comprenderne la microbiologia è di fondamentale importanza, considerato anche che si consuma l'insetto intero.

Vari cibi derivati da insetti vengono spesso dichiarati fonte di proteine per l'alimentazione.

Le formule a base di insetti possono essere ad elevato contenuto proteico, benché i livelli proteici utili possono risultare sovrastimati quando sia presente la **chitina**, una delle principali sostanze che compongono l'esoscheletro degli insetti. Un nodo fondamentale della valutazione è che molte allergie alimentari sono connesse alle proteine, per cui dobbiamo valutare anche se il consumo di insetti possa scatenare reazioni allergiche. Tali reazioni possono essere provocate dalla sensibilità individuale alle proteine di insetti, dalla reazione crociata con altri allergeni

---

[18] www.efsa.europa.eu/it/news/edible-insects-science-novel-food-evaluations

o da allergeni residuati da mangimi per insetti, ad esempio il glutine.

La novità di usare insetti nei cibi ha suscitato grande interesse da parte del pubblico e dei media, per cui le valutazioni scientifiche dell'EFSA sono cruciali per i responsabili politici che debbono decidere se autorizzare o meno tali prodotti prima della loro immissione sul mercato dell'UE.

Nella **Fig. 9** si schematizza l'impatto degli insetti commestibili sui diversi ambiti:

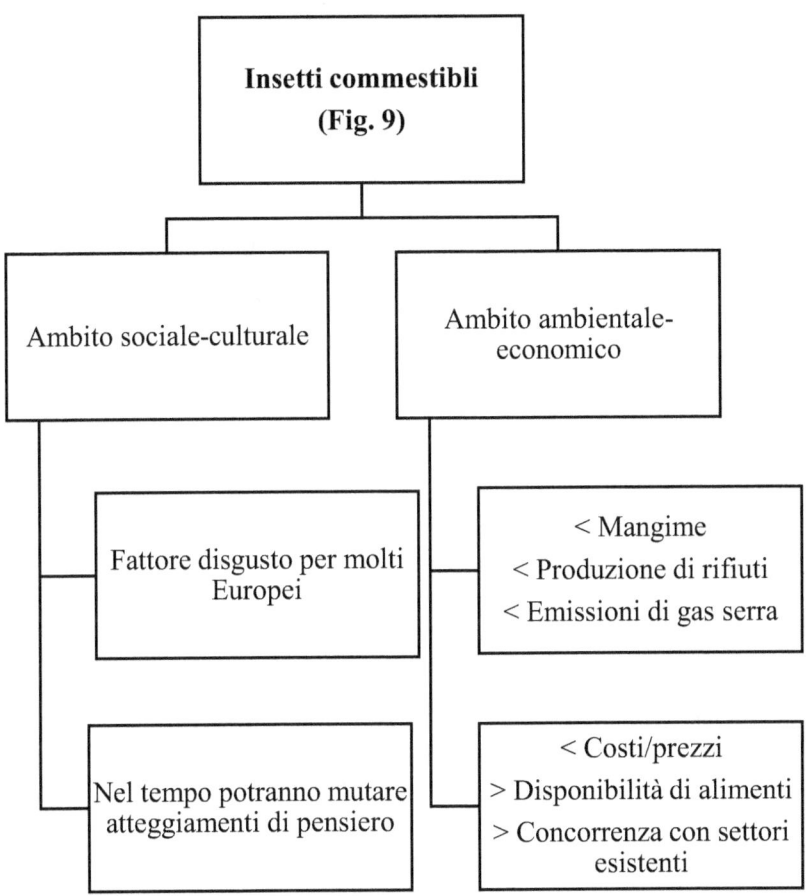

Insetti commestibli
(Fig. 9)

Ambito sociale-culturale

Ambito ambientale-economico

Fattore disgusto per molti Europei

< Mangime
< Produzione di rifiuti
< Emissioni di gas serra

Nel tempo potranno mutare atteggiamenti di pensiero

< Costi/prezzi
> Disponibilità di alimenti
> Concorrenza con settori esistenti

Gli scienziati EFSA continueranno a inserire le numerose richieste di valutazione di nuovi alimenti nella loro agenda, mentre i responsabili delle decisioni a Bruxelles e nelle capitali nazionali decideranno se tali alimenti debbano essere autorizzati per finire nei piatti europei. In definitiva i consumatori potranno scegliere con fiducia ciò che mangiano, ben sapendo che la relativa sicurezza è stata accuratamente verificata.

2.8 Gli OGM

Gli Organismi Geneticamente Modificati[19] (OGM) sono organismi viventi il cui materiale genetico è stato modificato con modalità che non avvengono in natura per fecondazione e/o per ricombinazione naturale. L'organismo interessato può essere un vegetale, un animale o un microrganismo (batterio, parassita o fungo) e il suo patrimonio genetico è modificato tramite tecniche di ingegneria genetica. L'obiettivo della manipolazione genetica è quello di sviluppare, bloccare o creare caratteristiche particolari per fini tecnologici o alimentari, tra le quali ad esempio una maggiore resistenza ai parassiti o una maggiore conservabilità.

Gli alimenti geneticamente modificati (GM) sono autorizzati nell'Unione europea soltanto dopo una rigorosa procedura di valutazione della sicurezza.

La normativa di riferimento in materia di OGM è costituita:

✓ a livello europeo dal Regolamento (CE) n. 1829/2003, che disciplina l'autorizzazione, l'uso e la vigilanza degli OGM negli alimenti e nei mangimi;

---

[19] ALMA (2022). La nuova alimentazione, Edizioni Alma-Plan. 10:156-157.

✓ in Italia dal D. Lgs. n. 224/2003 e dal D. Lgs. n. 70/2005.

L'obbligo di dichiarazione in etichetta sussiste solo qualora l'alimento contenga OGM in misura superiore, in percentuale, allo 0,9% degli ingredienti alimentari considerati individualmente, purché tale presenza di OGM sia accidentale o tecnicamente inevitabile. L'impiego degli OGM, pur presentando alcuni vantaggi, suscita ancora dubbi riguardo alle possibili conseguenze. Ad oggi non è infatti possibile prevedere il rischio derivante dal loro impiego né l'evoluzione a carico degli organismi.

Vantaggi
- Riduzione di pesticidi e fitofarmaci
- Variazione delle caratteristiche nutrizionali e organolettiche
- Aumento della produttività

Svantaggi
- Inquinamento genico e chimico
- Resistenza agli antibioici
- Imprevedibili effetti a lungo termine (introduzione di nuovi allergeni)
- Minaccia all'agricoltura biologica e organica

Conclusioni

Rispondere alla crescente domanda di alimenti caratterizzati da un'elevata valenza nutrizionale e funzionale, si impone come uno degli obiettivi prioritari dell'industria alimentare per competere in un settore che vede nella realizzazione di prodotti innovativi un fattore di successo delle proprie politiche di mercato.

Sono sempre più le prove scientifiche a sostegno dell'ipotesi che alcuni alimenti e componenti alimentari, non solo forniscano nutrienti sufficienti a soddisfare le esigenze nutrizionali della persona, ma abbiano effetti fisiologici e psicologici benefici che vanno oltre l'apporto dei nutrienti di base, introducendo quindi il concetto di alimentazione "ottimale".

La ricerca è oggi incentrata sull'identificazione dei componenti alimentari biologicamente attivi e prodotti finiti ad elevato contenuto tecnologico e potenzialmente in grado di ottimizzare il benessere fisico e mentale e di ridurre anche il rischio di contrarre malattie.

In questo contesto, la questione degli *health claims* assume un'importanza cruciale; la normativa europea di recente entrata in vigore si pone a tutela dei consumatori e delle industrie alimentari, grazie alla chiara comunicazione dei benefici salutistici dei prodotti per una scelta consapevole e informata e a regole uguali per tutti che assicurano una competizione corretta, proteggendo al contempo l'innovazione e la ricerca.

Approfondimento. I componenti minori della dieta: le sostanze bioattive

La ricerca scientifica[20] ha identificato un'ampia varietà di sostanze contenute negli alimenti in grado di svolgere effetti benefici sulla salute, contribuendo probabilmente alla prevenzione di numerose malattie. Questi composti non sono nutrienti in senso classico: non sono cioè necessari per garantire lo sviluppo e l'integrità dell'organismo umano, ma sono attivi dal punto di vista biologico e, per le loro peculiari proprietà funzionali, sono in grado di modulare e di influenzare diverse attività biologiche e fisiologiche delle cellule, producendo effetti positivi per la salute (sostanze bioattive).

Le sostanze bioattive:

> ➢ **non sono nutrienti** perché non sono essenziali per la vita;
> ➢ si trovano negli alimenti in **piccole quantità**;
> ➢ hanno **azione preventiva** perché, influenzando diverse attività cellulari, sono in grado di prevenire il rischio di malattie cronico-degenerative, tra le quali alcune forme

---

[20] ALMA (2016). Scienza degli alimenti, Edizioni Alma-Plan. Contenuto digitale.

di cancro, il diabete di tipo 2 e le patologie cardiovascolari.

Sono stati individuati più di 10.000 composti bioattivi presenti negli alimenti consumati dall'uomo, quasi tutti di origine vegetale e, per questo, definiti anche *composti fitochimici* o fitonutrienti o *phytochemicals*.

Molti studi hanno evidenziato infatti che l'effetto protettivo è svolto in virtù del consumo regolare di alimenti di origine vegetale come frutta, verdura, cereali integrali, semi, noci, legumi e alcune spezie.

Negli organismi vegetali queste sostanze agiscono come sistemi naturali di difesa e contribuiscono al colore, al sapore e all'aroma dell'alimento.

Ai composti bioattivi si attribuiscono molteplici effetti positivi, tra i quali:

➤ l'attività antiossidante e antinfiammatoria;
➤ la modulazione di enzimi con azione detossificante;
➤ la stimolazione del sistema immunitario;
➤ la regolazione del metabolismo ormonale;
➤ l'attività antibatterica e antivirale.

Sono ancora da chiarire gli aspetti legati alla biodisponibilità, al metabolismo, alla distribuzione, all'escrezione, all'interazione con i nutrienti presenti negli alimenti e alla risposta dei singoli individui alla loro assunzione: non è quindi possibile al momento formulare indicazioni nutrizionali per questi composti.

Va sottolineato però che una **dieta equilibrata**, varia e ricca di alimenti di origine vegetale è la strategia migliore per garantirne un apporto sufficiente per la salute.

Infatti, nessuno studio ha dimostrato che la somministrazione di singoli fitochimici (per esempio come integratori) svolge gli stessi effetti benefici che sono associati al consumo di alimenti vegetali: tali effetti sembrano dovuti non tanto all'azione di una singola sostanza ma all'**azione sinergica** di molteplici costituenti, molti dei quali ancora da riconoscere, presenti contemporaneamente negli alimenti.

Al contrario, alcuni effetti positivi sembrano ridursi o scomparire nel momento in cui tali composti sono assunti singolarmente e in forma relativamente concentrata come in un integratore.

I composti bioattivi più noti sono:

i carotenoidi, i polifenoli e i glucosinolati (GLS).

- **I carotenoidi**

Questa classe di composti organici, ampiamente presenti in piante e alghe, riunisce oltre 600 composti, suddivisi in:

- caroteni idrocarburici (contenenti solo carbonio e idrogeno)
- e xantofille (contenenti anche atomi di ossigeno e quindi meno idrofobiche).

I carotenoidi costituiscono un'importante famiglia di composti antiossidanti, con caratteristiche molto peculiari. Grazie alla loro struttura sono in grado di eliminare i radicali (*radical scavenger*[21]) e di ritornare alla forma originaria: non si consumano quindi per esercitare l'attività antiossidante, come accade invece ai composti che funzionano da agenti riducenti. Inoltre, sono molecole molto utili nella protezione dalle radiazioni UV.

Mentre tutti gli altri antiossidanti esogeni sono rapidamente metabolizzati ed escreti, i carotenoidi hanno un'emivita più lunga, tanto che la loro concentrazione nel plasma e nei tessuti è

---

[21] Uno scavenger è una sostanza chimica che rimuove o inattiva impurità o prodotti indesiderati, affinché non possano innescare reazioni sfavorevoli. I radical scavenger sono sostanze che prevengono l'ossidazione e che proteggono le cellule dai suoi effetti negativi.

relativamente costante nel tempo ed è un buon indicatore delle abitudini alimentari. I caroteni più rilevanti dal punto di vista alimentare sono il carotene, che si può trovare nelle forme beta e alfa, e il licopene; la luteina è la principale xantofilla.

- **I polifenoli**

I polifenoli sono un gruppo di sostanze di origine vegetale, ubiquitariamente diffuse e fondamentali nella fisiologia delle piante. Contribuiscono alla resistenza nei confronti di microrganismi, luce e insetti, alla pigmentazione e alle caratteristiche organolettiche dei prodotti vegetali. I polifenoli si caratterizzano per possedere almeno un anello aromatico. Nel regno vegetale sono state identificate oltre 8.000 diverse strutture di polifenoli, che comprendono sia composti semplici sia complessi polimerici.

Dal punto di vista nutrizionale, i composti più studiati possono essere divisi in due gruppi:

- i **flavonoidi**, che comprendono antocianine, flavanoli, flavoni e calconi;
- le **molecole non flavonoidi**, alle quali appartengono acidi fenolici, stilbeni e lignani.

Alimenti come il **tè**, verde e nero, il **cacao** e il **vino rosso** contengono elevatissime quantità di questi composti.

Una dieta ricca e varia in frutta e ortaggi può da sola apportare quantità non trascurabili di polifenoli, senza la concomitante presenza di vino e cioccolato.

Funzioni. A differenza delle vitamine, i polifenoli non sono necessari né per l'accrescimento e lo sviluppo, né per il mantenimento delle funzioni dell'organismo durante la vita.

Tuttavia, numerosi studi indicano la possibilità che possano essere responsabili di gran parte degli effetti protettivi degli alimenti vegetali nei confronti di alcune malattie croniche.

I polifenoli svolgono **effetti antinfiammatori**, antiaggreganti e antiossidanti e contribuiscono alla regolazione dell'attività enzimatica.

È però molto complicato definire il ruolo di ciascuna categoria di queste molecole perché la concomitante presenza di tutti questi composti negli alimenti di origine vegetale ha reso impossibile una corretta interpretazione dei dati provenienti da studi di popolazione. Inoltre, l'estrema variabilità delle diverse molecole e dei loro metaboliti non permette di fornire indicazioni precise sul loro effetto sulla salute dell'uomo, influenzato dalla loro biodisponibilità e dal loro metabolismo.

Metabolismo. I polifenoli assunti con l'alimentazione vanno incontro velocemente a complesse reazioni metaboliche che modificano notevolmente la struttura della molecola contenuta nell'alimento. Infatti, una volta ingeriti, i composti polifenolici subiscono drastiche modifiche strutturali prima a livello dell'intestino tenue e, dopo l'assorbimento, anche nel fegato in seguito ad una serie di reazioni di coniugazione ad opera di enzimi abitualmente associati alla detossificazione. In pratica, si tratta di reazioni di trasformazione simili a quelle subite dai farmaci: i composti fenolici diventano più idrofili e, di conseguenza più facilmente eliminabili per via urinaria. Questo tipo di "detossificazione", tuttavia, altera la struttura dei composti originali e ne può modificare la bioattività, tanto da produrre, secondo i casi, un aumento o una riduzione delle specifiche attività biologiche all'interno dell'organismo. Modifiche strutturali a carico dei composti fenolici avvengono anche nel colon, dove la flora batterica intestinale esercita profonde trasformazioni chimiche nei confronti della frazione di composti non assorbita (che è sempre pari ad almeno il 90% della quantità ingerita). I prodotti della degradazione microbica possono poi essere assorbiti e trasportati al fegato, dove, invariabilmente, subiscono reazioni di coniugazione del tutto simili a quelle descritte.

- **I glucosinolati**

I glucosinolati (GLS) sono un ampio gruppo di sostanze idrosolubili presenti nelle piante e da queste utilizzati come protezione contro i patogeni. Dal punto di vista chimico sono composti glucosidici contenenti zolfo.

In base all'amminoacido dal quale derivano sono suddivisi in tre categorie:

- **alifatici**, quando derivano dalla metionina;
- **aromatici**, quando derivano dalla fenilalanina;
- **indolici**, quando derivano dalla tirosina oppure dal triptofano. Complessivamente ne sono stati identificati circa 120, ma il numero presente nelle piante commestibili è limitato.

I GLS sono contenuti in tutte le parti delle piante, anche se in diversa quantità, appartenenti alla famiglia delle *Brassicaceae*, che comprende per esempio cavoli, broccoli, cavolfiori, cavolini di Bruxelles, rape, ravanelli, rucola, rafano e crescione.

Funzioni. I GLS sono molecole stabili, presenti nel citoplasma delle cellule vegetali e prive come tali di attività biologica per l'uomo. Sono però facilmente idrolizzati a composti odorosi e dal sapore pungente, alcuni con attività biologica, per azione di un enzima, la **mirosinasi**. Nella cellula vegetale questo enzima è confinato in organelli dai quali è rilasciato in seguito a rottura della cellula (come avviene per effetto della masticazione). Il contatto tra i GLS e la mirosinasi determina la formazione di prodotti d'idrolisi (isotiocianati, tiocianati, indoli, nitrili) e può avvenire, oltre che con la masticazione, anche durante i processi di preparazione e cottura. Tra le possibili attività biologiche di questi composti figurano l'attività antiossidante e antinfiammatoria. Inoltre, alcuni prodotti d'idrolisi (principalmente isotiocianati e indoli) sono in grado di modulare gli enzimi deputati alla detossificazione di composti cancerogeni, rendendoli meno attivi e aumentandone l'escrezione. Questa incrementata attività di detossificazione riguarderebbe soprattutto le nitrosammine, gli idrocarburi policiclici aromatici, le ammine eterocicliche e, nel caso degli indoli, anche gli estrogeni. Le evidenze epidemiologiche suggeriscono (ma necessitano ancora di una conferma) che il consumo di alimenti contenenti GLS può ridurre il rischio di insorgenza di alcune forme tumorali (colon, polmone, prostata, mammella). Evidenze ottenute soprattutto in vitro su cellule di colon, prostata e mammella suggeriscono infatti che i prodotti d'idrolisi dei GLS agiscono come anticancerogeni, arrestando il ciclo cellulare a differenti stadi della sua progressione (attività antiproliferativa e differenziazione cellulare). Alcuni studi hanno mostrato anche un effetto protettivo del consumo di Brassicaceae sul rischio di cancro dello stomaco, che potrebbe essere in parte legato all'azione antibatterica di queste verdure e dei prodotti d'idrolisi dei GLS. Per esempio, il sulforafano è attivo nei confronti dell'Helicobacter pylori, un noto fattore di rischio del cancro gastrico.

Gli effetti della cottura. I processi di cottura hanno una complessa influenza sul contenuto di GLS e dei prodotti d'idrolisi nell'alimento perché:

- possono inattivare l'enzima mirosinasi, che è piuttosto resistente al calore ma più sensibile alle microonde;
- possono determinare una parziale perdita di GLS e prodotti d'idrolisi, per solubilizzazione nel mezzo di cottura e per degradazione termica;

- possono provocare una parziale perdita dei cofattori enzimatici (acido ascorbico e ferro) utili per l'attività della mirosinasi;
- possono aumentare l'estraibilità chimica dei GLS. La migliore modalità di cottura per preservare il contenuto di GLS e dei loro prodotti d'idrolisi negli alimenti è quella effettuata con poca acqua e per tempi brevi, come nel caso della cottura al vapore, che produce infatti perdite ridotte di questi composti. La bollitura determina invece perdite consistenti per solubilità dei GLS nell'acqua, che dipendono dal tipo di verdura, dal tempo di cottura, dal rapporto acqua-alimento e dal tipo di GLS.

La cottura a microonde causa in generale piccole perdite che aumentano però in presenza di acqua e dipendono molto dalla potenza utilizzata durante il processo. Nel caso dei prodotti surgelati, qualunque modalità di cottura determina consistenti perdite di GLS.

Metabolismo. Dopo l'ingestione di alimenti contenenti la mirosinasi in forma attiva, i GLS sono velocemente convertiti nel tratto digerente nei loro prodotti d'idrolisi e, quindi, assorbiti. In seguito al consumo di alimenti cotti, nei quali la mirosinasi è stata parzialmente o totalmente inattivata, i GLS raggiungono il colon in forma intatta. Questa frazione è convertita in prodotti d'idrolisi dalla mirosinasi di origine batterica, che ha tuttavia una minore efficienza di conversione rispetto all'enzima vegetale. Nell'organismo, la maggior parte dei prodotti d'idrolisi dei GLS è metabolizzata velocemente attraverso una serie di reazioni enzimatiche.

Gli studi finora effettuati suggeriscono che la biodisponibilità dei prodotti d'idrolisi dei GLS è maggiore negli alimenti nei quali la mirosinasi non è inattivata, come quelli crudi o cotti con trattamenti blandi, rispetto a quelli contenenti l'enzima inattivato. L'assorbimento di questi composti è influenzato da diversi fattori, tra i quali principalmente il tipo di verdura e la relativa modalità di consumo, ma anche la composizione del pasto, l'età e il sesso del soggetto. Inoltre, le concentrazioni nel sangue di questi composti sono molto basse, a causa della velocità con cui sono metabolizzati. Non è quindi attualmente possibile fornire un dato di biodisponibilità di queste sostanze ed è difficile valutare il loro potenziale effetto protettivo, anche perché gli alimenti contengono miscele complesse di GLS e altri fitocomposti che, nell'insieme, determina probabilmente l'effetto protettivo suggerito per queste sostanze.

Approfondimento. Linee guida probiotici e prebiotici

L'impiego in Italia di fermenti lattici[22] nel settore degli integratori risale a circa 35 anni fa, quando tali prodotti, secondo la normativa vigente, venivano inclusi tra i prodotti dietetici e preventivamente autorizzati ai fini dell'immissione in commercio. I primi prodotti autorizzati contenevano *Saccaromyces cerevisiae* o fermenti lattici come *Streptococcus thermophilus* e *Lactobacillus bulgaricus* in associazione con nutrienti, per lo più vitamine del gruppo B, che servivano per conferire loro la valenza "nutrizionale" allora ritenuta necessaria per l'inquadramento nel settore dei dietetici. Si sviluppò così una specifica categoria di prodotti, definiti "integratori dietetici biologicovitaminici", per i quali furono stabilite da un apposito "disciplinare ministeriale" (così veniva definita all'epoca una linea guida specifica sui requisiti che doveva possedere una determinata categoria di prodotti dietetici) le condizioni minime di apporto di cellule vive con le quantità di assunzione giornaliera per poter rivendicare in etichetta l'effetto utile a favorire il riequilibrio della flora batterica intestinale. In tale

---

[22] www.salute.gov.it/imgs/C_17_pubblicazioni_1016_allegato.pdf

ottica, l'associazione delle vitamine trovava un razionale nella utilità di una contemporanea integrazione per il presumibile deficit della loro sintesi batterica, conseguente al "disordine" dell'ecosistema intestinale. In seguito l'impiego del termine "biologico" venne progressivamente abbandonato a causa della sua conflittualità con i prodotti da "agricoltura biologica" per essere sostituito dal termine "probiotico" Dal 2002, con l'avvento della direttiva 2002/46/CE sugli integratori alimentari che ha aperto il suo campo di applicazione anche alle "fonti concentrate" di sostanze ad "effetto fisiologico", sono stati legalmente ammessi come integratori alimentari prodotti a base di soli "probiotici" senza componenti nutrizionali associate. A livello nazionale l'effetto "fisiologico" volto a favorire l'equilibrio della flora intestinale è sempre stato considerato utile per la salute e vincolato alla capacità di un probiotico di colonizzare a livello intestinale grazie all'apporto di un numero sufficiente di cellule vive con le quantità di assunzione indicate.

L'EFSA, nella valutazione dei *claims* da autorizzare ai sensi del Regolamento (CE) 1924/2006, sostiene che "incrementare il numero di un qualsiasi gruppo di batteri" come "aumentare i livelli di microflora benefica" non siano in sé effetti benefici sulla salute", e inoltre, che affermazioni come "sostenere una microflora intestinale equilibrata" o "influire beneficamente sulla microflora intestinale" potrebbero essere ritenute benefiche per la salute "in caso di una concomitante diminuzione dei microrganismi potenzialmente patogeni".

Da tale approccio deriva, in definitiva, che la sola documentazione della colonizzazione a livello intestinale di un probiotico, come prova di un intervento utile per l'equilibrio della flora intestinale, non basta a sostenere un effetto benefico sulla salute di cui all'articolo 2.2.5 del predetto Regolamento (CE) 1924/2006. Ribadendo la validità e la proporzionalità dell'approccio italiano ai probiotici per il riconoscimento della loro "efficacia" in senso fisiologico, si prende comunque atto che l'indicazione di un probiotico per il riequilibrio della flora intestinale, alle condizioni delle presenti linee guida, non risulta essere un *claim* sulla salute autorizzabile ai sensi dell'articolo 13.5 del Regolamento (CE) 1924/2006. Analoga considerazione vale per i "prebiotici", considerando la loro composizione e il complesso delle evidenze scientifiche a supporto di una loro indicazione per un effetto fisiologico sull'equilibrio della flora batterica. Ciò premesso, resta fermo che prodotti conformi alle presenti linee guida per il loro contenuto di probiotici o prebiotici, risultando plausibilmente in grado di **favorire**

81

l'equilibrio della flora batterica, possono indicare in etichetta tale effetto fisiologico ed impiegare termini che lo sottendono come "probiotico" e "prebiotico".

I microrganismi che possono essere impiegati negli alimenti e negli integratori alimentari devono soddisfare i seguenti requisiti:

a) essere usati tradizionalmente per integrare la microflora (microbiota) intestinale dell'uomo;

b) essere considerati sicuri per l'impiego nell'uomo. Un utile riferimento a tal fine è rappresentato dai criteri definiti dall'EFSA sullo status di "QPS" ("Presunzione Qualificata di Sicurezza"). In ogni caso i microrganismi usati per la produzione di alimenti non devono essere portatori di antibiotico-resistenza acquisita e/o trasmissibile;

c) essere attivi a livello intestinale in quantità tale da moltiplicarsi in tale sede.

Sulla base delle evidenze scientifiche disponibili la quantità minima sufficiente per ottenere una temporanea colonizzazione dell'intestino da parte di un ceppo microbico è di almeno 10^9 cellule vive per giorno. La porzione di prodotto raccomandata per il consumo giornaliero deve quindi contenere una quantità pari a 10^9 cellule vive per almeno uno dei ceppi presenti.

Mentre, il termine "prebiotico" è definito come segue: un prebiotico è un costituente degli alimenti non vitale che conferisce un beneficio alla salute mediante una modulazione del microbiota.

Tra i costituenti impiegabili come prebiotici si riportano ad esempio l'inulina, i frutto-oligosaccaridi (FOS) e i galatto-oligosaccaridi (GOS).

Caso studio: le bevande a base di cereali[23]

I cereali costituiscono una delle principali fonti di nutrienti in tutto il mondo; anche se carenti di alcuni componenti base (ad esempio amminoacidi essenziali), la fermentazione può contribuire a migliorarne il valore nutrizionale, le proprietà sensoriali e le qualità funzionali. La fermentazione è una delle metodiche più antiche ed economiche per la produzione e la conservazione degli alimenti (Billings, 1998; Chavan e Kadam, 1989); le prime notizie sulla preparazione degli alimenti fermentati (latte, cereali, verdure e carni) risalgono al 6000 a.C. Naturalmente, la preparazione era artigianale e senza alcuna conoscenza del ruolo dei microrganismi coinvolti.

In generale, ci sono quattro principali processi di fermentazione: alcolica, acetica, lattica ed alcalina (Soni e Sandhu, 1990). La fermentazione delle bevande a base di cereali non ha ricevuto l'attenzione scientifica che merita; tuttavia, negli ultimi 20 anni, il numero degli articoli che trattano bevande e alimenti fermentati tradizionali è rapidamente aumentato (Steinkraus, et al., 1993).

---

[23] Casanova FP, Bevilacqua A, Sinigaglia M, Corbo MR (2013). Food design e innovazione: le bevande a base di cereali. Ingredienti alimentari, 71:12-20.

Una bevanda è un liquido adatto al consumo umano. Anche se la bevanda per eccellenza è sicuramente l'acqua, il termine molto spesso si riferisce per antonomasia alle bevande (fredde o calde) non alcoliche, a quelle alcoliche e alle nervine. Il termine bibite si riferisce alle bevande analcoliche che contengono CO_2 ed elementi aromatizzanti. Le bevande "spiritose" sono le bevande alcoliche destinate al consumo umano; per definizione, hanno caratteristiche organolettiche particolari e un titolo alcolometrico minimo del 15% (v/v). Le bevande spiritose sono prodotte sia direttamente mediante distillazione, macerazione o aggiunta di aromi, che mediante miscelazione di una bevanda spiritosa con un'altra bevanda, con alcool etilico di origine agricola o con taluni distillati (Reg. CE n. 110/2008). L'allegato II del regolamento citato contiene un elenco di bevande spiritose classificate per categorie (rum, acquavite, vodka, ecc.). Ad esempio, l'acquavite di cereali è la bevanda spiritosa ottenuta esclusivamente mediante distillazione di un mosto fermentato di cereali a chicchi interi e presenta caratteristiche organolettiche derivanti dalle materie prime utilizzate; il titolo alcolometrico volumico minimo dell'acquavite di cereali è di 35% vol.

Tecnicamente, le bevande alcoliche si distinguono in due categorie:

- Le **bevande fermentate** (vino, birra, sidro, ecc.), prodotte dalla trasformazione in alcol degli zuccheri contenuti nell'uva, in altri frutti o nei cereali. Di solito le bevande fermentate non possono avere un grado alcolico superiore a 16°, poiché oltre tale livello l'alcol blocca l'azione dei lieviti e/o di batteri lattici responsabili del processo di fermentazione.

- Le **bevande distillate** ottenute attraverso il processo della distillazione (ebollizione, raffreddamento e condensazione del vapore). Si distinguono in: **acquaviti o superalcolici** (dai 40° ai 50°), ottenute da bevande o da altri prodotti che hanno comunque già subito un processo di fermentazione, e **liquori o digestivi** (dai 15° ai 60°), ottenuti da miscugli di alcol, più o meno diluito, con essenze o estratti di piante aromatiche con aggiunta di dolcificanti.

La figura 10 riporta uno schema semplificato per la classificazione delle bevande alcoliche (**Fig. 10**); nel novero delle bevande alcoliche rientrano le bevande di cereali tradizionali (**Fig. 11**).

TIPI DI BEVANDE IN BASE AL GRADO ALCOLICO (Fig. 10)

BEVANDE ANALCOLICHE

non contengono alcol, se non fino all'1% in volume

BEVANDE ALCOLICHE

Contengono una quantità di alcol non superiore al 21% in volume

Acqua; Aperitivi analcolici; Bevande nervine; Bibite e birra analcolica; Sciroppi e tisane; Succhi e nettari di frutta

Alcuni liquori e vini liquorosi; Vino, spumante, sidro e birra; Aperitivi in bottiglia; Bevande alcoliche dissetanti (alcolpop drink e wine cooler)

BEVANDE SUPERALCOLICHE

contengono alcol in quantità superiore al 21% in volume

Acquaviti; Liquori dolci e liquori amari

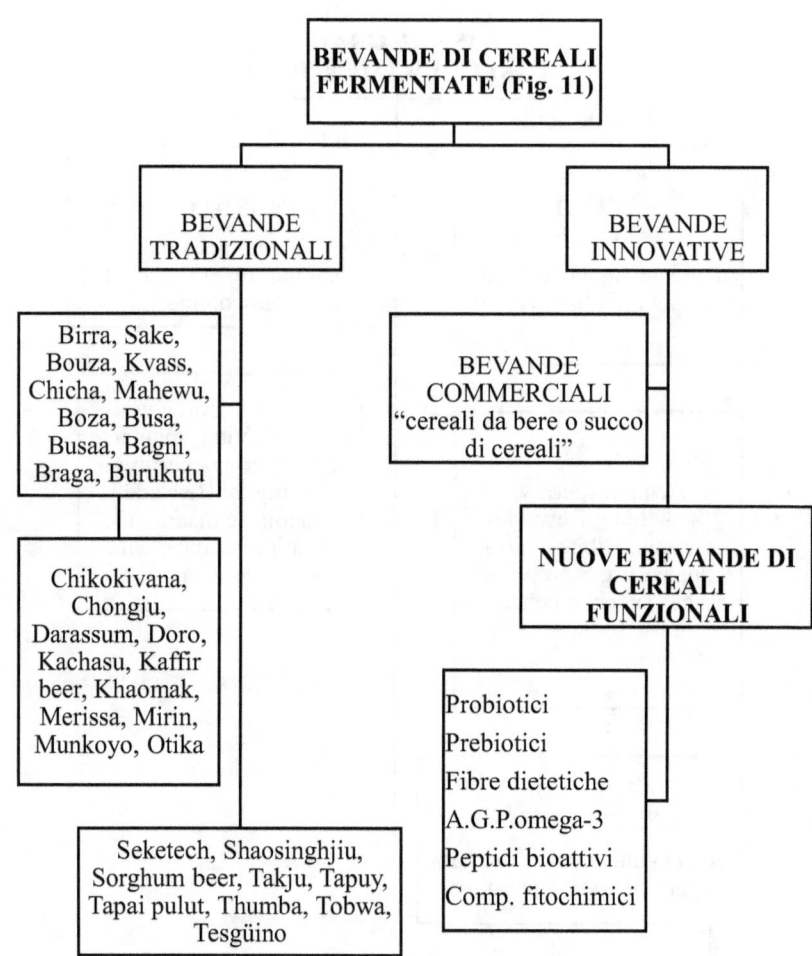

Le bevande di cereali, tradizionali ed innovative, in funzione al grado alcolico, vengono attribuite ad una determinata categoria. Le bevande più conosciute sono quelle alcoliche, come la birra, l'acquavite o il whisky. La birra, ad esempio, è ottenuta da diverse specie di cereali: orzo, frumento, avena, mais, miglio, sorgo, riso (conosciuta come "vino di riso" o sakè). Ma vi sono anche bevande non alcoliche: in Russia, ad esempio, è molto diffuso il Kvass o Kvas (dal russo "far fermentare"), bevanda poco alcolica (massimo il 2.2%) a base di pane nero o di segale fermentato che si conserva per la presenza di acido lattico; per la produzione di kvas da tavola possono essere usati anche cereali tal quali (grano, segale, orzo). In Germania, è disponibile un preparato commerciale affine al kvass, ovvero la bevanda di pane Brottrunk® latto-fermentata (della ditta fermentiera tedesca Kanne-Brottrunk Gmb, www.socata.it), anch'essa ottenuta per la fermentazione da pane nero lievitato naturalmente.

Altre bevande di cereali sono quelle ottenute dall'ammollo e cottura in acqua dell'intero chicco, come il barley water (orzata, bevanda analcolica, ottenute dalla pigiatura di cereali) e l'acqua di miglio (che prevede una tostatura preliminare per ottenere una cottura migliore in acqua salata). Queste bevande contengono per lo più sali minerali idrosolubili, vitamine, microelementi e una bassa percentuale di carboidrati; hanno un colore marrone chiaro, diverso da quello del latte. Sono apprezzate per il contenuto di minerali e le proprietà dissetanti; spesso vengono mescolate a succhi di frutta e aromi e possono costituire la base per frullati, crêpes, salse, insalate e dolci vari.

Un'altra interessante categoria di bevande a base di cereali è rappresentata dai cosiddetti "latti di cereali". In Europa, la parola "latte" in riferimento a piante o frutta era molto diffusa, ed era utilizzata per bevande dall'aspetto simile a quello del latte. L'interesse per il "latte vegetale" è cresciuto nel corso dell'Ottocento con il movimento vegetariano: si conosceva il "latte" di sesamo, di mandorle e di pinoli. I latti di cereali, altamente nutrienti, si ricavano dalla purea del frutto o dalla farina del seme diluita in acqua; il famoso latte di soia, ad esempio, deriva da una leguminosa: durante la preparazione, la cottura ad alta temperatura rende digeribile l'alimento.

Il primo latte ottenuto da cereali è stato il latte di riso, di origine asiatica. Il latte di riso si è diffuso innanzitutto in America e solo più tardi in Europa, e già da diversi anni viene prodotto con tecnologie moderne. Accanto alle bevande di riso, vi sono sul mercato anche bevande di avena, miglio, mais, farro, orzo, kamut o grano Khorasan Kamut®, e grano saraceno (quest'ultimo viene considerato uno pseudocereale non appartenente alla famiglia delle *Graminaceae* monocotiledoni, bensì a quella delle *Poligonacee* insieme al rabarbaro e le acetose). Non mancano le bevande biologiche a base di riso e mandorla (ottenute da pasta di mandorle e sciroppo d'agave, olio di semi di girasole spremuto a freddo e sale marino), di riso e nocciola con sciroppo d'agave, a base di riso e cocco (con latte di cocco, sale marino e aroma naturale di cocco). Di recente introduzione sul mercato troviamo un prodotto biologico di riso con quinoa e cacao (con zucchero di canna, olio di semi di girasole spremuto a freddo, sale marino e addensante di farina di semi di carruba), e una bevanda vegetale (non cerealicola) di chufa o babagigi o zigolo dolce (con maltodestrine di mais), ricavata dal tubercolo essiccato, chiamato anche "mandorla di terra", molto conosciuta e consumata in Spagna.

Caratteristiche comuni di tutte le bevande di cereali sono la capacità di saziare e dissetare, la leggerezza, la digeribilità e l'aroma gradevole. Altre caratteristiche sicuramente importanti sono: l'assenza di colesterolo e di lattosio, che le pone come alternative (e non sostitutive) al latte vaccino in tutti i casi di intolleranza o di problemi di colesterolemia; inoltre, le bevande di cereali sono gluten-free (ad eccezione del farro, orzo e kamut che contengono glutine) e indicate per i celiaci.

Le bevande di cereali hanno un sapore dolce, piuttosto insipido, che ricorda il cereale da cui sono ottenute. Inoltre, il sapore dolce varia in funzione del tipo di bevanda e dal produttore; quella di riso, per il suo alto contenuto di carboidrati è molto più dolce di quella di avena. È importante sottolineare come il sapore dolce dipenda dal grado di fermentazione durante la lavorazione, che è a discrezione del produttore; è dunque possibile che le bevande dello stesso cereale differiscano tra loro per questo aspetto.

L'aroma principale di una bevanda di cereali è il sapore del cereale stesso; nella bevanda di avena, ad esempio, non dovrebbe mancare quel vago sapore di noce dell'avena naturale, mentre nella bevanda di farro emerge il sapore tipico di questo cereale.

Produzione delle bevande di cereali

In linea di principio, tutti i cereali sono adatti per la preparazione di bevande. In generale, questi prodotti contengono zuccheri naturali come il maltosio o la destrina, ottenuti dai polisaccaridi complessi, pochi grassi, proteine, minerali e vitamine. Dato il prevalente contenuto in acqua (circa il 90%), queste sostanze sono molto diluite rispetto alla concentrazione rilevabile nel chicco di cereale. Con l'aggiunta di grassi si ottiene un'emulsione lattiginosa che ha dato a queste bevande il nome "latte vegetale" o **latte di cereale**. Da alcuni anni, nei Paesi dell'Unione Europea, considerata la possibile confusione con il latte di origine animale, questi alimenti liquidi si definiscono per legge "**bevande di cereali**".

L'ordinanza 817.022.111 del DFI (Dipartimento federale dell'interno -autorità federale della confederazione elvetica- del 23 novembre 2005) sulle bevande analcoliche, cita al capitolo 13, art 83b la definizione di bevande di cereali: *"Una bevanda di cereali è fabbricata con acqua e prodotti di macinazione, con o senza saccarificazione enzimatica, in cui gli enzimi sono disattivati prima della commercializzazione. Essa può essere filtrata o decantata e può contenere ulteriori ingredienti come olio commestibile, sale commestibile, maltodestrine e amido. La bevanda di cereali può essere acidificata con adeguati microorganismi innocui per la salute"*. (www.admin.ch).

La produzione della maggior parte delle bevande di cereali avviene con flow sheet abbastanza semplice. Si parte dal chicco intero del cereale (cariosside), ad esempio i chicchi integrali o brillati di riso o quelli decorticati di avena (integrali perché più ricchi di fibre e non raffinati). I chicchi vengono macinati e miscelati con abbondante acqua, infine cotti; il risultato è un mix simile ad un pastone, cui vengono aggiunti le amilasi, (α-amilasi e β-amilasi), che operano la saccarificazione.

La bevanda può essere poi filtrata (attraverso sistemi di filtrazione industriale), nel caso si vogliano eliminare le parti insolubili, cioè le proteine e le fibre.

Si possono aggiungere olio di semi (di girasole) biologico, per ammorbidire il gusto, ed eventualmente una piccola quantità di sale marino (contenente oligoelementi preziosi quali: iodio, magnesio e fluoro) per migliorare il sapore. Per evitare la formazione di particelle solide separate, le bevande di cereali vengono omogeneizzate, oppure vi si aggiunge un emulsionante (non necessario nelle bevande di riso). Infine, le bevande vengono sottoposte ad un trattamento termico (pastorizzazione o sterilizzazione). Con questi accorgimenti, la bevanda vegetale assume la sua struttura finale per essere confezionata nel brik.

Diverse aziende (come ad esempio Abafoods, www.abafoods.com), attualmente, possiedono impianti innovativi e sofisticati per "l'estrazione di bevande vegetali di cereali" (attraverso un metodo brevettato) dotate di:

- impianto per miscelazione di materie prime;

- impianto di pastorizzazione a piastre o a tubi spirati;
- impianto di sterilizzazione a scambio indiretto con omogeneizzazione in asettico;
- impianto di confezionamento asettico in tetra-brik U.H.T. e/o ultraclean in formato pure-pak per bevande fresche con o senza tappo.
- celle per il ricevimento/mantenimento dei prodotti a temperatura controllata.

Innovazione nella produzione delle bevande di cereali

L'innovazione delle bevande di cereali può avvenire a diversi livelli. Alcune strategie proposte riguardano l'uso di preparati enzimatici, come ad esempio il Betamalt (prodotto dalla Sternenzym), estratto di origine vegetale contenete β-amilasi che idrolizza in modo efficiente la destrina e maltosio, o l'Optizym (α-amilsi); questi preparati enzimatici regolano la viscosità, la sensazione in bocca e la dolcezza della bevanda.

Un'altra possibile innovazione riguarda una fermentazione controllata con l'uso di alcuni microrganismi: gli zuccheri rilasciati danno flavour-attivo e acidi organici; quando questi composti vengono combinati insieme, creano sapore asciutto, fruttato o leggermente acido. I microrganismi spesso utilizzati per la fermentazione delle bevande a base di cereali includono *Gluconobacter oxidans, Saccharomyces cerevisiae, Lactobacillus* spp. e altri microrganismi come ad esempio il fungo Kombucha (appartenente ad una comunità simbiotica di *Acetobacter, Brettanomyces bruxellensis, Candida stellata, Schizosaccharomyces pombe, Torulaspora delbrueckii* e *Zygosaccharomyces bailii*).

Conservazione e qualità delle bevande di cereali
Tutte le bevande di cereali si conservano a lungo (scadenza minima di 9 mesi), poiché confezionate sterili dopo un trattamento UHT.

Il trattamento UHT non è obbligatorio; è piuttosto legato alla ridotta presenza e alla lenta penetrazione sul mercato delle bevande di cereali. In commercio è possibile reperire anche bevande di cereali pastorizzate conservate a 4 °C con shelf-life limitata di pochi giorni (3-8 giorni), soprattutto per i prodotti contenenti anche soia.

Quasi tutte le bevande di cereali sono classificate come biologiche poiché, i cereali e l'olio utilizzati provengono da coltivazioni biologiche. Accanto alla comune offerta "bio", vi sono le bevande di cereali a marchio Demeter (associazione per la tutela della qualità biodinamica), fatte con oli e cereali biologici e biodinamici (considerando oltre l'aspetto tecnico scientifico anche l'approccio spirituale e filosofico ovvero della cura della terra e dell'uomo).

Gli alimenti biologici non devono contenere elementi geneticamente modificati. Questa norma riguarda anche gli enzimi, che devono essere prodotti senza l'ingegneria genetica. I criteri che definiscono il prodotto biologico si basano sul Regolamento (CE) n. 834/2007 (e altri decreti) relativo alla qualità ecologica comprendendo una voce sul controllo dei parametri ecologici e spesso il marchio "Bio" è facoltativo e non deve essere apposto dal produttore. Nel caso di associazioni ecologiche come la Demeter, la regolamentazione è ancora più severa. Ad esempio l'agricoltore Demeter non può avere un'azienda mista (coltivazione con metodi ecologici accanto ad allevamento con metodi convenzionali, ecc) ma deve lavorare integralmente secondo il metodo biologico e biodinamico, impiegando i preparati biologici e biodinamici (www.demeter.it).

Non mancano per queste aziende che producono le bevande di cereali certificazioni di qualità di sistema (ISO 9001:2008), alimentare (BRC/IFS, 22005:2008, Kosher), ambientale

(CSQA, ISO 14000) ed etica (SA8000), che seguono norme tecniche volontarie.

Citando alcune aziende produttrici di bevande a base di cereali, la società svedese Ceba Foods domina il mercato europeo di avena drink con il suo marchio di grande successo Oatly (www.oatly.com). Tra le aziende tedesche ricordiamo la Berief feinkost (www.berief-feinkost.de), che produce bevande biologiche (Bio hafer drink natur), e l'Andechser Natur con il prodotto Bio-cerealien drink (www.andechser-natur.de). Altre aziende degne di nota sono la svizzera Soyana, produttrice della Swiss cereal drink hafer (www.soyana.ch), le belghe Lima (Drink original) (www.limafood.com) e Provamel, produttrice delle bevande biologiche (a base di riso) (www.provamel.it). Non mancano le aziende italiane, come la Abafoods, proprietaria del marchio Isolabio (www.isoalabio.com), la The Bridge (quest'ultima ha dato vita al primo latte di riso vegetale italiano) (www.thebridgesrl.com) e la Valsoia, produttrice della bevanda di riso (Rys) con aggiunta di Calcio e vitamina D2 (www.rysrisoebenessere.it).

Proprietà nutritive delle bevande di cereali

I dati sulle proprietà nutritive delle bevande di cereali sono limitati, poiché questi prodotti non sono stati ancora inseriti nelle tabelle ufficiali di composizione degli alimenti.

Le bevande di cereali sono (leggere, ipocaloriche, sazianti, ideali per gli sportivi) ricche di carboidrati e si differenziano per la loro composizione dalle bevande di soia o di mandorla, ricche di proteine, si contraddistinguono per le caratteristiche nutrizionali.

La cariosside contiene una bassa percentuale di **grassi**: si va dal più basso contenuto di grassi del riso pari a 2.2% all'avena del 7.1%. Poiché le bevande di cereali sono costituite prevalentemente da acqua, la parte di grassi che dal cereale passa nella sostanza liquida è minima e queste bevande risultano essere alimenti poveri di lipidi.

L'olio di semi di girasole spesso impiegato per la preparazione delle bevande di cereali è ricco di acido linoleico, un acido grasso ω-6. Essendo un prodotto vegetale non contiene colesterolo: secondo alcuni studi, le bevande di avena e orzo hanno la proprietà di diminuire il livello del colesterolo nel sangue per la presenza di **β-glucani**: 150-200 ml di bevanda di avena o orzo contengono la dose giornaliera di β-glucano raccomandata dalla FDA (Food and Drug Administration), il che fa meritare a questo alimento l'*health claim* "riduce il colesterolo", confermato anche dall'EFSA (ai sensi dell'articolo 14 del reg. CE n. 1924/06).

Le **proteine** sono presenti nella cariosside dalla percentuale minima del 7.3-7.8% nel riso, fino alla massima del 12.6% nell'avena. Questo valore si rispecchia in proporzione anche nelle bevande di cereali; le bevande di riso hanno un contenuto proteico di appena lo 0.2%, quelle di avena raggiungono una percentualmente lievemente maggiore, pari all'0.6-1%.

Il contenuto di **vitamine** e sali minerali nelle bevande è generalmente esiguo; sono presenti le vitamine idrosolubili, in particolare la vitamina B1 (tiamina), la B3 (niacina) e la riboflavina (B2). A causa delle alte temperature raggiunte durante la preparazione della bevanda (cottura, pastorizzazione o U.H.T.), parte della tiamina, termosensibile, viene degradata.

Nelle bevande di cereali, in linea di massima, troviamo solo minerali solubili in acqua, potassio e magnesio, che si separano con facilità dalla struttura del cereale, ma non il calcio che rimane nei tegumenti della cariosside.

Prospettive future

Lo studio delle bevande di cereali potrebbe sfociare nella progettazione di bevande funzionali a base di cereali, arricchite ad esempio con microrganismi probiotici o ingredienti prebiotici adatti al miglioramento e all'equilibrio delle funzioni intestinali. Alla luce delle informazioni raccolte, i probiotici e i prebiotici possiedono interessanti proprietà per continuare ad essere sviluppati dalle industrie alimentari. Pertanto, non solo sarà importante determinare in che modo questi "ingredienti attivi" possano influenzare il decorso di diverse patologie, ma sarà anche importante determinarne l'uso ottimale come strumento di profilassi e prevenzione. La comprensione dei meccanismi d'azione di questi principi funzionali potrà essere utile nel delineare sempre meglio la stretta correlazione esistente tra alimentazione e salute.

Bibliografia

ALMA-La scuola internazionale di cucina italiana. La nuova alimentazione. Scienza e cultura dell'alimentazione. Strumenti per la didattica inclusiva. Edizioni Alma-Plan (2022). 10:154-161, in www.gruppoeli.it/novita/novita-scuola-secondaria-ii-grado/la-nuova-alimentazione-edizioni-alma-plan/

Billings T (1998). On fermented foods, in, http://www.livingfoods.com.

Cocchi M (2007). Alimenti per la salute, in http://iris.enea.it/bitstream/20.500.12079/6661/1/RT-2013-14-ENEA.pdf

Chavan JK, Kadam SS (1989). Critical reviews in food science and nutrition. Food Science, 28: 348-400.

Di Pasquale J (2009). Consumi alimentari e innovazione: gli alimenti funzionali, in http://agriregionieuropa.univpm.it/en/content/article/31/17/consumi-alimentari-e-innovazione-gli-alimenti-funzionali

Ordinanza 817.022.111 del DFI del 23 novembre 2005 sulle bevande analcoliche.

Regolamento CE n. 110/2008 relativo alla definizione, alla designazione, alla presentazione, all'etichettatura e alla protezione delle indicazioni geografiche delle bevande spiritose e che abroga il regolamento CE n. 1576/89 del Consiglio.

Regolamento CE n. 1924/2006 relativo alle indicazioni nutrizionali e sulla salute fornite sui prodotti alimentari.

Regolamento CE n. 834/2007 relativo alla produzione biologica e all'etichettatura dei prodotti biologici e che abroga il regolamento CEE n. 2092/91.

Soni SK, Sandhu DK (1990). Indian fermented foods: microbiological and biochemical aspects. Indian Journal of Microbiology, 30:135-157.

Steinkraus K.H., Ayres R., Olek A., Farr D. (1993). Biochemistry of *Saccharomyces*. In K., Steinkraus H. (a cura di), Handbook of indigenous fermented foods (pp. 517–519). New York: Marcel Dekker.

Sitografia

www.abafoods.it

www.admin.ch

www.andechser-natur.de

www.berief-feinkost.de

www.demeter.it

www.efsa.it

www.efsa.europa.eu/it/topics/topic/novel-food

www.efsa.europa.eu/it/news/edible-insects-science-novel-food-evaluations

www.eufic.org/it

www.fda.gov

www.inran.it

www.isoalabio.com

www.limafood.com

http://ilfattoalimentare.it/momento-nutraceutici-alimenti-funzionali-integratori-mediobanca.html

www.lexfood.it/attualita/gli-alimenti-funzionali-caratteristiche-e-normativa/

www.salute.gov.it/imgs/C_17_pubblicazioni_1016_allegato.pdf

www.oatly.com

www.rysrisoebenessere.it

www.socata.it

www.soyana.ch

www.sternenzym.de

www.thebridgesrl.com

Pubblicazioni

1) Bevilacqua A, Casanova FP, Petruzzi L, Sinigaglia M, Corbo MR (2016). Using physical approaches for the attenuation of lactic acid bacteria in an organic rice beverage. Food Microbiology, 53:1-8.

2) Casanova FP (2015). Production of health rice-based drink: use of ultrasound-attenuated lactic acid bacteria and yeasts. Doctoral thesis research.

3) Bevilacqua A, Petruzzi L, Casanova FP, Corbo MR (2015). Viability and acidification by promising yeasts intended as potential starter cultures for rice-based beverages. Advance Journal of Food Science and Technology 9(5): 326-331.

4) Casanova FP, Bevilacqua A, Petruzzi L, Sinigaglia M, Corbo MR (2015). Screening of promising yeasts for cereal-based beverages using CO_2 headspace analysis. Czech Journal of Food Science, 33:8-12.

5) Corbo MR, Bevilacqua A, Petruzzi L, Casanova FP, Sinigaglia M (2014). Functional beverages: the emerging side of functional foods. Commercial trends, research and health

implications. Comprehensive Reviews in Food Science and Food Safety, 13:1192-1206.

6) Casanova FP, Bevilacqua A, Sinigaglia M, Corbo MR (2013). Food design e innovazione: le bevande a base di cereali. Ingredienti alimentari, 71:12-20.

7) Bevilacqua A, Casanova FP, Arace E, Augello S, Carfragna R, Cedola A, Delli Carri S, De Stefano F, Di Maggio G, Marinelli V, Mazzeo A, Racioppo A, Corbo MR, Sinigaglia M (2012). A case study on the selection of promising functional starter strains from grape yeasts: a report by students of Food Science and Technology, University of Foggia (Southern Italy). Journal of Food Research, 1(4):44-54.

Breve biografia dell'autore

Francesco Pio Casanova, autore del testo "Dagli alimenti funzionali ai nuovi alimenti": il ruolo di alcuni componenti bioattivi sull'alimentazione, laureato in Scienze e tecnologie alimentari e dottore di ricerca in Biotecnologie dei prodotti alimentari; abilitato all'esercizio della professione di Tecnologo Alimentare, docente di Tecnologia e Scienze degli alimenti. Dopo le varie pubblicazioni inerenti alle bevande funzionali, in questo testo si descrivono le principali caratteristiche degli alimenti funzionali ed innovativi nell'ottica di un consumatore consapevole.

Finito di stampare nel mese di luglio 2024.

Lulu Press, Inc.